ペットと生きる

ペットと人の心理学

B. ガンター 著
安藤孝敏・種市康太郎・金児 恵 訳

北大路書房

PETS AND PEOPLE : The Psychology of Pet Ownership
by
Barrie Gunter

Copyright © Whurr Publishers Ltd 1999
First published by Whurr Publishers Ltd, represented by Cathy Miller Foreign Rights
Agency, London England
This translation published by arrangement with Whurr Publishers Ltd
c/o Cathy Miller Foreign Rights Agency through The English Agency (Japan) Ltd.
Japanese Edition © Kitaohji Shobo, 2006

訳者はじめに

　たくさんの犬や猫，あるいは他の動物が私たちとともに生活するようになり，そのような動物たちに対する呼び方も，ここ10数年で，「ペット（愛玩動物）」から「コンパニオン・アニマル（伴侶や仲間としての動物）」へと変わってきています。この変化の背景にはさまざまな要因があると考えられていますが，何よりも私たちと動物の（心理的な）距離が近くなったことに起因しているようです。動物と長い時間，親密にかかわることにより，私たちはさまざまな恩恵を得て，まさに日々の生活に欠くことができないコンパニオンシップを実感するようになるのでしょう。たとえば，不安を感じている人々は，動物とのかかわりによって安らぎが得られ心が穏やかになります。他の人との関係があまりなく，孤独だと感じている人々にとっては，動物は話し相手にもなります。また，ある人々にとっては，ペットを飼うことがステータスシンボルにもなるようです。

　さて，本書は，ガンター（Gunter, B.）著の『*Pets and People : The psychology of pet ownership*』の日本語訳です。ガンターは，現在，イギリスのレイセスター大学教授（原著刊行時の所属はシェフィールド大学）として，テレビやインターネットなどのメディアの影響について精力的に研究しており，その一つに「ペットに関するテレビ番組の教育的な役割」という研究もあります。

　本書の目次をご覧いただくとわかりますが，「人と動物の関係」について心理学的な視点から詳しく解説されています。心理学や関連する領域の研究成果がコンパクトにまとめられた学術書でありますが，わかりやすく丁寧に記述されており，専門的な表現もそれほど多くはないので，一般の人にも読んでいただける内容です。

　原著の翻訳は，若手の有望な研究者である種市康太郎，金児恵の両氏とともに，それぞれの専門性を活かせるように担当章をふり分けて行いました。専門用語の訳語や訳文を含む全体の最終チェックは安藤が行いましたので，翻訳に

i

関する誤りや問題点がありましたら，その最終責任は安藤にあります。読者の皆様のご叱正をいただければと思っております。

　最後になりますが，本書の出版にあたってお世話になった方々に感謝したいと思います。当時まだ心理学分野に特化している点では珍しかった翻訳書の内容についてご理解をいただき，快く出版社へ橋渡しをしていただきました広島大学名誉教授の山本多喜司先生に心よりお礼申し上げます。また，企画立案の最初の段階からかかわっていただき，本書出版を実現すべくご尽力いただいた北大路書房編集部の薄木敏之さん，さまざまな事情で翻訳作業が遅れたにもかかわらず，適切な助言と暖かい励ましをいただき，丁寧な校正と編集作業で最後までお世話になりました同編集部の北川芳美さんに，心よりお礼申し上げます。

「人と動物の関係」についての理解が深まることを願って
2006年4月　安藤孝敏

目 次

訳者はじめに ……………… i

第 1 章　なぜ人はペットを飼うのか？ ………………………………………… 1
　犬と猫　　　3
　ペットと自己像　　　5
　社会的なかかわりをうながすペット　　　6
　かけがえのない伴侶としてのペット　　　8

第 2 章　飼い主は他の人々と違うのか？ ……………………………………… 21
　ペットの普及　　　23
　ペットの飼い主の個人的状況　　　25
　動物に対する態度　　　29
　ペットの飼育と社会的能力には関係があるか？　　　32
　パーソナリティとペットの飼育　　　33
　ペットの種類による飼い主の違い　　　35

第 3 章　なぜ我々はペットに愛着を感じるのか？ …………………………… 43
　ペットから受ける満足感　　　45
　ペットに対する愛着の起源　　　46
　絆のメカニズム　　　48
　ペットの社会的意味　　　51
　愛着に関する証拠　　　52
　愛着を測定することに関する問題　　　53
　愛着にまつわる問題　　　56
　絆が強くなりすぎることがあるのか？　　　57
　問題のあるペット　　　59

第 4 章　ペットと飼い主，どちらが支配者か？ ……………………………… 65
　ペットを支配すること　　　70

ペットを人間のように扱うこと　　71
　　　ペットによる支配　　73
　　　ペットの破壊行動　　76
　　　猫にまつわるトラブル　　76
　　　動物に対する恐怖心　　77
　　　ペットはパラサイトか？　　80

第5章　ペットは身体的健康に効果的か？　　87
　　　ペットとストレスと健康の関係　　88
　　　ペットによる身体的効果　　90

第6章　ペットは精神的健康に効果的か？　　101
　　　ペットの心理療法的効果　　105
　　　ペットを利用したその他の療法　　110

第7章　ペットは子どもによい影響を与えるか？　　115
　　　ペットと家族　　116
　　　動物を理解すること　　119
　　　ペットの飼育時期　　120
　　　ペットと子どもの発達　　122
　　　ペットとアイデンティティ　　124
　　　子どもとしてのペット　　125
　　　親としてのペット　　126
　　　ペットと家族のアイデンティティ　　127
　　　子どもが好むのはペットのどのような特徴か？　　128
　　　仲間としてのペットの役割　　128
　　　ペットは家族の誰のものか？　　129
　　　子どもとペットに関する問題行動　　130
　　　子どもと動物虐待　　131
　　　子どもに対するペットの治療的利用　　131

第8章　ペットはいかにして人の若さを保つのか？　　137
　　　ペット所有の社会的効果　　138
　　　ペットの気分高揚効果　　141
　　　ペットの延命効果　　142

高齢者におけるペットセラピー　　144
　　　ペットがもたらすプラスの効果　　149

第9章　ペットロスにどう対処するのか？ ……………………… 155
　　　ペットに対する愛着の証　　156
　　　ペットロスの苦しみ　　158
　　　カウンセリングの必要性　　163
　　　子どもにとってのペットロス　　167
　　　ペットロスと高齢者　　169
　　　ペットと人間との死別　　170

第10章　なぜ，ペットとの関係はうまくいかなくなるのか？ ……… 175
　　　ペットに対する虐待行為　　177
　　　機能不全を起こした家族関係の性質　　181
　　　子どもによるペットの虐待　　183
　　　問題のある飼い主　　185

第11章　ペットは人を社交的にするか？ ……………………… 191
　　　人の代わりとしてのペット　　191
　　　ペットの社交性促進効果　　192
　　　ペットはいかにして人の社交性を向上させるか？　　194
　　　身体障害者を助けるペット　　195

索引　　205
邦訳が出版されている文献　　209

　　　　　　　　　　　　　　　　　　　　　本文イラスト／上瀬奈緒子

第1章
なぜ人はペットを飼うのか？

　有史以前から人類は動物との暮らしを楽しんできた。何世紀もの間，詩人，作家，小説家は人間と動物の関係を書き記してきた。かつては食料や衣類の出所としか見られていなかった動物も，ついには狩りのお供，採集者，護衛，伴侶，親友として人間社会の一員となった。何世紀も前に鋭い観察者は，我々自身の価値やこの世での地位は我々の動物の扱い方に表れていると，既に気づいていた。我々の動物に対する態度は人に対する態度と似たところがある。動物が重要なのは我々人間に動物としての起源を思い出させてくれるからである。現代の工業化された社会において，我々はみずからの生物学的な根源との接点を失いがちであり，またまさに動物はそんな我々を自然とのふれあいに引き戻してくれるのである。我々の多くにとって，ペットとの生活は治療的な価値をもち，自分自身を理解することにも役立っている★1。

　民間伝承はさまざまな動物の価値を人が切望する誠実さの模範として強調している。タルムード（訳注：ユダヤの聖典）の一節は次のような内容である。「もし人が人としての礼儀を教えられなかったとしたら，人はそれらを動物から学んだであろう。すなわち，他の巣から蓄えを盗まない蟻から誠実さを，自分の糞を覆う猫から礼儀を，雌鶏に求婚する際に約束をし，それが果たされなかったら，しっかりとわびる雄鶏から礼節を，死ぬ運命とわかりながら歌うキリギリスから快活さを，自分の家族の潔白を守り，仲間に優しいコウノトリから謙虚さを，ハトから純潔を」★2。

1

1 なぜ人はペットを飼うのか？

　多くの文化では，神話やおとぎ話は動物に帰する行動を通してそれぞれの世界観を表現している。自然の力が動物に象徴化された時，人間的な規模（human scale）に近づき理解されやすくなる。『白鯨（Moby Dick）』の物語のように，善悪の争いといった道徳的価値観は動物によって描写されることが多い★3。

　人間は古代からずっと動物とのかかわりをもってきた★4。何世紀にもわたる人とペットの絆はさまざまな人間の欲求を満たしてきた。動物は最初に食料，衣服，住居といった生活に必要な資源を与えてくれた★5。その後，人と動物の関係は安全やコンパニオンシップ（親交）といったより高次の心理的欲求を満たすまでに発展した★6。動物はかつては食料として，また狩りのお供や牧夫，保護者として役立っていたが，文化的な生活様式の大きな変化の中で，コンパニオン（companion：仲間，伴侶）という動物の役割がさらに重要になってきた。

　しかしながらペットを飼うということは，飼い主の基本的な心理的欲求を満たすといった単純な喜び以上のものをもたらす★7。聞かれたならば，ペットは家族の一員であると，我々の多くは答えるだろう。我々はペットが飼い主の気持ちに調子を合わせていると感じることがよくある★8。ペットには飼い主の嬉しい時や悲しい時がわかるのである。また，具合の悪い時や安らぎを与えようとする時もわかるのである。我々はまた，子どもに使うよりもたくさんのお金をペットに使っており，ペットは家族にとって大切なものになっているのである★9。

　歴史的に見ると，ペットの飼育はさまざまな社会を通じて世界中に広まった現象である。ペットの飼育は古代ギリシャやローマの支配階級だけでなく，ヨーロッパ，中国，日本，アフリカの統治者の間でも普通に見られた。それまでにも貧しい人々の間では既に一般的であったのかもしれないが，19世紀にはそれらの国々のすべての社会階層の人々に広まっていった。別の資料によると，ペットの飼育は南・北アメリカやオーストラリアの部族社会でも一般的であった。この資料は必ずしも体系的なものではなく，逸話的な要素がたくさん含まれていた。それにもかかわらず，筋の通った物語は飼いならされた動物がこれらの初期の文化の一部であったこと明らかにしている。

猫と犬

　我々がなぜペットを飼うのかを理解するには，ペットの飼育の歴史をたどってみるのがよいだろう。歴史を通して他の動物より特にきわだって，重要な役割を演じているペットは犬と猫である。

　人間と犬とのかかわりは古代からのものである。50万年前にホモエレクタス（Homo erectus：化石人類）と狼のような動物とのかかわりが化石によって示されている[10]。犬を飼い馴らしていた（domestication：ドメスティケイション）という痕跡は1万2000年前にさかのぼる[11]。他の研究者は，イスラエルで発見された1万2000年前の狩猟採集生活を主とする部族の遺跡の中に仔犬に手を回して埋葬されている人の遺骨があったと説明している[12]。このような証拠は人間と動物の愛情のこもった関係を示している。これらの初期の化石から，複数の研究者たちは，犬を飼い馴らすということが狩りや食料といった目的ではなく，ペットとして飼うことから始まったのではないかと主張するようになった[13]。

　猫と犬を飼い馴らすことはある理由の組み合わせから生じた。第一にある地域に定住するという大きな生活様式の変化により，動物を飼い馴らすのに適した社会的・経済的環境が生み出されたのである。人類はおそらくこのずっと以前から野生の動物を捕獲してペットとして飼育していたのだろう。第二にその関係は少しずつパートナーとしてより強固な関係へと発展していった。

　犬は家畜動物（domestic animal）の中でも最古ものだと考えられている[14]。1万2000年前にさかのぼる最も古い化石はイラクとイスラエルに残っている[15]。後にアメリカで1万年前のもの[16]が，デンマークとイギリスで9000年前のもの[17]が，そして中国で7000年前のものが見つかった[18]。

　犬の最初の家畜化は，最後の氷河期の後におとずれた農耕開始前の中石器時代に中近東で行われたということである。この時期に，氷河期の半遊牧的な狩猟社会から，氷河期後の定住生活と狩猟採集が混在した社会へと変化していった[19]。温暖多湿の気候により，特に川のよどみや海岸付近の地に豊かで雑多な動植物群が出現し，複雑な農業文明がインダス川流域，シュメール，エジプ

1 なぜ人はペットを飼うのか？

トで始まった。

　猫の家畜化の起源をたどることは簡単ではない。ある研究者が初期のドメスティケイションは9000年前にさかのぼることができるだろうと主張している[20]。それはペストの防除と関係があるのではないかと推測されている。そのために，紀元前4000年頃に大規模な農業社会が成立した時，猫はペットとなったのかもしれない。たしかに，紀元前3000年頃のエジプト人の絵に猫が描かれている[21]。

　動物のドメスティケイションはさまざまな理由によって行われたのだろう。犬に対するもっとも基本的な欲求は，食料としてであった。現在はあまり広まってはおらず，おそらく非常時のみと思われるが，犬は古来食べられていた[22]。飢饉の時に食糧として捕獲された若い野良犬が死を免れ，飼い馴らされてコンパニオン・アニマルとして残ったのだろう[23]。犬が役立ったというもう一つの機能は，その固有の縄張意識と物音をたてる能力によって侵入者を早期に感知するという，まさに番犬としてであった。さらなる犬の利用法としては，群れでの狩りがあった。犬のとぎ澄まされた追跡能力とスタミナは狩りには理想的であった。おそらく犬のこのような利用法はかなり後になるまで見られなかった[24]。

　ペットの飼育は広がりそして定着した。初期の文明も含めて，我々人間のめざましい生活水準の向上は，芸術や宗教的儀式，動物を飼い馴らし植物を栽培するといった非生産的な活動に浸る時間を生み出した。おそらく動物を飼育するというぜいたくさを享受できるようなったのは，このような社会で長期にわたる食料の備蓄があって初めて可能となったのであろう。ある地域の中で単にペットを飼うということから，それぞれの家の中で飼い馴らすといった根本的なペットの飼育の変化は，おそらく限られた地域での偶発的な環境の好転によって生じたのだろう。

　ペットがこれまでさまざまな社会的な機能を果たしてくれたことは明らかである。完全に人に飼い馴らされた犬，猫，その他のペットは，飼い主のためにかなり個別的な欲求であっても満たしてくれることが多い。第2章で見るように，ペットの飼い主と何も飼っていない人とではライフステージが違っていたり，社会的，心理的な特徴が異なっていたりする。すなわち，社会的態度とパ

ーソナリティが異なるということを示しているのである。

　動物と飼い主が親密な関係にあれば，そこには少なくとも3つの機能があるだろう。まずはじめに，どのようなペットを選ぶかは飼い主自身を表現するものと解釈され，自己像（self-image）を写し出すというはたらきがある。2つ目にペットの飼育は社会的潤滑剤（social lubricant）としての機能を果たし，他者との関係の量と質に影響を与える。3つ目にペットは仲間や伴侶といった役割を担い，人との関係を補完してくれたり，極端な場合には人の代わりになることもある。

ペットと自己像

　公然とコンパニオン・アニマルとは一心同体であるという人は自身のパーソナリティや自己像を象徴的に表現しているのである。この過程が意図的であってもなくても，ペットの存在とその扱い方は我々自身の見方だけでなく，他人から見た自身のイメージにも影響を与える。車や服を選ぶのと同じように，ペットを選ぶということは我々のパーソナリティを表現することになる。たくましい犬を選ぶのはたくましいイメージ，ペルシャ猫を選ぶのは，かわいらしい，女らしいイメージを自身に与えようとしているのである。

　犬の飼い主に関する研究によると，グレートデーンは男らしさ，権力，力強さ，支配，男盛りのシンボルであるのに対し，チャウチャウは女らしさのシンボルであった[★25]。他にもペットが飼い主のパーソナリティを映し出すという例はある。心気症の人は健康に対する懸念をペットの健康にまで広げてしまう。敵対的な犬は飼い主自身の攻撃性と敵意を示すために選ばれることがある[★26]。

地位の象徴としてのペット

　ペットは飼い主の地位を表すこともある。ペットの中には，購入したり，飼うのにもお金がかかるものもある。ペットの飼育に関する統計によると，特に大きなペットを飼っている人は高収入で大きな家を所有していた[★27]。王や皇帝は貢物として象やライオンを収集し，現代の名士はオセロット（山猫の一種）やチータを飼っている。1974年には，1万人ものアメリカ人が大きな猫を

飼っていた★28。珍しいペットはある一定以上の地位をもった人だけが所有できるので，明確なステータスシンボルとなる★29。地位を意識する人は，外国産の動物やグロテスクな動物をペットにしようとする★30。

　ペットが飼い主の象徴的な自己の拡張として見なされるのなら，ペットは単に飼い主と一緒に生活しているのではなく飼い主と同じ水準で生活しているといえるだろう。ペットを甘やかすことは飼い主自身を甘やかすことになる★31。ペットは人が使えるサービスならばほぼすべてを受け得るというところまで人間化されている。一つのいい例がシャンプー，カット，ブロー・ドライ，マニキュアをするためにプードルを定期的に美容院に連れて行いく飼い主である。しかも，飼い主は犬を美容院まで歩かせないで，特別なリムジンに乗せて連れて行く。この時，犬は特注のセーターを着ていたりする★32。その他の犬は学校に行くだけではなく，デイケアに行ったり，サマーキャンプや犬用の特別なレストランにも行ったりするのである★33。これらの行き過ぎた行動は「ペティシズム（petishism）」とよばれ，フェティシズムの一つの形態と見なされている★34。

　あるアメリカの調査では，224人の飼い主のうち，地位の象徴としてペットを選んだと回答した人はわずか0.4％（9人）であった★35。飼い主は地位の象徴としてのペットの役割に気づいていないのか，またはそのような動機を認めたくないのかは不明だが，特に高価な，外国産の，飼うことがむずかしいペットの飼育はそのようなペットを飼えるという特権意識をはっきりと示している。番犬や盲導犬，聴導犬ではない，コンパニオン・アニマルは道楽となっている。その結果，コンパニオン・アニマルはぜいたくなものであり，余暇生活の一部と見なされている。すなわち，動物に費やされるお金は飼い主の可処分所得の大きさを表している。

社会的なかかわりをうながすペット

　ペットと一緒にいると他の人との社会的な接触にも影響が出てくる。ペットの機能の一つに，社会的潤滑剤として，社会的相互作用の質と量を増加させるというものがある。これが作用するのにはいくつかの理由がある。

まずはじめに、ペットは注目を集める。ペットを飼うことは特に他の飼い主に対して、社会的な認知度が高まる。公園や空き地を犬と散歩したことがある人なら、同じことをしている人と出会い、多くの場合お互いの犬のことで話をするように

なったという経験があるだろう。大きいペットはそのサイズで注目をあびるが、小さいペットも、特に珍しいものは他人の興味の的となるだろう。

ペットを飼うことで、さらに思わぬ社会的利益を得ることがある。ペットを飼っている人は他人から、「良い人」と見られることが多い。動物への愛情は我々の社会で高く評価されている。動物と人が一緒にいる場面を見た人は、動物と一緒でない場面よりも安全だと思うことがわかっている[36]。そして、ペットを飼っている人は近づきやすいと思われている。

友だちをつくり、打ち解けた関係になるには、たくさんおしゃべりしなければならない。ペットはこのような会話の種となる。最初は、ペットが砕氷船のように、他人との壁を壊してくれる。ペットは初対面の時の何を話せばいいかわからない、気まずい時間を終わらせてくれる。ペットが特におかしなことをした時、それはお互いに話すことができるような共通の話題を提供してくれる。ペットは楽しみを与えてくれたり、気分をまぎらわせてくれたりする。

ある種の動物に特別な興味を示す人のことをマニア（buff）という。たとえば、ドッグドム（dogdom：愛犬家たち）は、特に犬に興味がある人たちのことを指し[37]、多くの交流の場を有している。犬や猫を見せ合うことが愛好家たちの交流の大部分を占めている。

社会的な障害となるペット

ペットはたいてい社会的相互作用を促進するはたらきをもつが、ある種の状況ではそれらを妨げるようになってしまう。ペットは中には他人を近付けさせないようにするために意図的に飼われているものもある。ある研究者は、ヘビを飼っているので、親族が訪ねてこなくなったと満足気に話している飼い主のことを報告していた[38]。ペットはやかっいなことを拒否する口実にもなる。

たとえば，何10匹もの猫や犬と一緒に生活している高齢者は，忙しすぎて他のことをしている暇がないだろう。あまりにもたくさんの動物がいるということは，その家が非衛生的で魅力的でないことを意味する。またその一方で，そのことによって会いたくない友人や親族を遠ざけることもできる。

かけがえのない伴侶としてのペット

　ほとんどの人が指摘するペットを飼う理由の一つはコンパニオンシップ（親交）が得られるからというものである。ペットを飼っている人は人があまり好きではなく，人間より動物を伴侶として好み，社会から孤立し，ペットを人の代わりにしているという意見もあるが，ペットの飼育は必ずしも一人暮らしの人に限定されたものではない。たしかに動物とのコンパニオンシップは一人暮らしの飼い主によく見られるのだが，家族のある人を含めて，他の人と一緒に生活している人にも見られる★39。もう一つの重要な理由は幼少期のペット飼育の経験である。ペットを飼っている家庭で育った人は大人になった時，ペットを飼うことが多い★40。

　高齢者にとってペットとのかかわりは何か特別な価値がある。第8章で説明することだが，ペットは高齢者に元気を与え，気持ちを若返らせるのに役立つ。若い人であっても，ペットを飼うことで孤独になるのを防ぐことができる。たとえば，ペットを家の中で飼うと，一人暮らしを始めた大学生の孤独感を軽減できることがわかっている★41。

　この若者にとってのペットの重要性は何も驚くことではない。第7章で見るように，子どもはペットとの特別な関係を満喫する。前述のように，ペットを飼うという動機は幼い時のペット飼育の経験と深く関係している。

　動物との関係が人間との関係に限りなく近づいた時，動物は「擬人化（anthropomorphism）」され，人間と同じ特性が与えられる。もしその関係が人との関係に取って代わられると，動物を人の代理と見なすこともある。

　ほとんどすべてのコンパニオン・アニマルとの関係は，ある程度の擬人化を含んでおり，見方によっては，人との関係の代わりであるといえるだろう。このように，ペットとの関係において最も重要な要因の一つは，どの程度ペット

が人間のように扱われ，その立場が取って代わられるかということである。

　ある種の動物が人間的な特徴をもつという考え方は，どの動物を食べてよいかを決める際の重要な要素となる。菜食主義者が増え続けているが，現在の西洋社会では依然としてほとんどの人が肉を食べている。肉を食べる人は動物を食べているということに対してまったく関心がない。これはほんの一部の人しか屠殺場を見たことがないからだろう。食料のために育てられている動物の屠殺は，その動物が人間と同じように特別な目で見られていない場合のみ容認できるのである。魚，鶏，豚，羊，牛を食べることは受け入れられている。普段からペットの役割を果たしてくれている動物を食べるということは反感を買う。ヨーロッパの一部で受け入れられている馬肉はイギリスやアメリカの市場ではまったく見られない。犬の肉は香港や極東（訳注：おもに韓国，北朝鮮，中国）では珍味とされている★42が，西欧では犬を食べることにきわめて強い嫌悪感を示す。西欧人にとって，犬や猫は擬人化されており，それらを食べることは人食いと同じことになる。

● 人間のようなペットの名前

　人がペットにつける名前はコンパニオン・アニマルとの関係の質に関連がある。ペットにつけられた名前は，その飼い主に対して若干の機能を果たしているという見方もある。ある種のペットを飼うことは一定の社会的地位を示し，他人に与えたい印象をつくり出すのに役立つ。なぜペットにその名前をつけたのかを調べる興味深い研究がアメリカで実施された。ペットの飼い主を含む一般の人に普段どのような人やペットとかかわるかを聞き，どのようなペットの名前に人気があるかを把握するために獣医の診療記録を調べた★43。その結果，ペットを飼う理由としてコンパニオンシップや動物好きだからという回答が多かったが，その他にも人はさまざまな理由でペットを飼うことがわかった。また，ペットはさまざまな人からいろいろな理由でその名前をつけられている。中には，その動物の「人間的な」特徴を反映するためにつけられた名前もあった。しかし全体的な結果から，名前の選択理由と選択された実際の名前は必ずしも一致しないことがわかった。またペットの名前と，その飼い主やペットの特徴はあまり関係していないこともわかった。

動物と話すこと

飼い主がペットに話しかける時，幼い子どもに話しかけるのと同じようにしているのがよく観察されている。このような動物への話し方は「下手な詩 (doggeral)」とよばれる。これは一種の赤ちゃん言葉であり，動物を軽くたたいたり，なでたりするような非言語的コミュニケーションを補完するものである。動物は話し返すことができないという事実をふまえると，ある意味ではこの動物との会話は独り言にすぎないのだが，言葉が返ってくるのを期待せずに観察したり，コメントしたりするのである[44]。話の大筋を理解できると思って動物に話しかけるのと，実際に話し返してくれるのとは別のことなのである。

話を聞いてくれる人が誰もいない時，動物に話すということはその動物に単なる聞き手以上の役割を担ってもらうことである。人間とペットの行動を観察している研究者によれば，ペットは飼い主の親友になることもあるという[45]。ペットがまじめな会話や打ち明け話の聞き手になった時，そのペットは人間のような役割を与えられているといえる。

上記のことについて，ある調査では3人に1人もの飼い主がペットに秘密を打ち明けたことがあると報告している[46]。このような点で，ペットは飼い主の生活に意味をもたらす。このことはどの年齢の飼い主にも見られることだが，とりわけ高齢者の飼い主に関して当てはまる。犬と猫はたしかに社会的な空白を埋めてくれるが，研究によると，ペットの鳥，特に話し返してくれる種類のものは，かなり効果的な伴侶になるということである[47]。

ペットの社会的儀式

ペットが人間のように見なされると，彼らの記念日にはお祝いが行われる。アメリカの雑誌『サイコロジー・トゥデイ（Psychology Today）』の研究によると，1万3000人強のペットの飼い主のうち，半分がペットの写真を財布に入れたり，家に飾ったりしていた。そして，4分の1がペットの絵を描いてもらったり，写真を撮ってもらったりしていたし，4分の1がペットの誕生日を祝っていた[48]。別の研究では，30％もの飼い主がペットの誕生日をなんらか

の形で祝っていた★49。

● 友だちの代わりとしてのペット

　犬が人間の最良の友であろうとなかろうと，犬はたしかにその社会の一員である。動物に対する態度は審美的なものから実用的なものまで及んでいるが，重要な次元の一つはペットが飼い主から強い愛情をもって見られているという人間主義の次元である★50。飼い主は，おしゃべりをしたり，食事をしたり，身だしなみを整えたり，散歩をしたり，リラックスしたり，眠ったりといった友だちと一緒にする活動の多くをペットとともにする。

　この友だちの役割は，どういうわけか友だちを多くもたない人々にとって特に重要である。ある人たちがコンパニオン・アニマルに対して特別な役割を求めるのかどうかを示すデータはない。しかしながら，社会的な接触をあまりもたない人は友だちとしての動物を探し求める可能性がきわめて高い。

　一般に，友だちの代わりをするのは，犬だけではない。ペットの鳥もよく似た社会的，心理的な欲求を満たすことがわかっている。一人暮らしの高齢者は，自尊心や意欲を高めるセキセイインコに強い愛着（attachment）をいだくことが示されている★51。鳥の飼い主は，鳥に愛しみや愛情を与えていると話すことが多い★52。また，飼い主はコンパニオン・アニマルから得る友情と親密なかかわり（たとえば，鳥に話しかけたり，餌をやったり身づくろいすることができる）についても話しをする可能性が高い。鳥は愉快で，飼い主を笑わせることができ，人間の言葉を真似て，特別な楽しみを与えてくれるのである★53。

　ペットは自分は運が悪いと思っている人々に社会的なかかわりを与える。サンフランシスコのような都市の通りや公園での観察から，たくさんのホームレスが悲惨な境遇にもかかわらず，ペットを飼っていることが明らかになった。ペットを飼っているホームレスはペットに強い愛着を感じており，子どもの時にペットを飼っていたこともわかった。かろうじて自分の生活費をまかなうことができる人にとって，ペットに餌をやることや獣医医療は深刻な問題を引き起こすにもかかわらず，ペットから得られるコンパニオンシップと情感は他のすべてのことに勝り，彼らにとってペットの世話は価値のあるものになってい

た★54。

配偶者の代わりとしてのペット

時どき，ペットの役割は単なる友だちを越えて，もっと親密で重要な関係に近づく。ペットは夫や妻と同じくらい大切になり，場合によっては配偶者の代わりを務めこともある★55。ペットが人間のパートナーとのいさかいの原因となる時，配偶者よりもコンパニオン・アニマルの肩をもつのは明らかである。犬か配偶者かという選択肢を与えられたら，犬を選ぶという人が多い。配偶者の死後に入手したペットには，以前は夫や妻に注がれていたたくさんの情緒的な愛着が与えられるかもしれない。配偶者の代わりとしてのペットは，配偶者が亡くなり，代わりがほとんど現れない高齢者にとって，特別な価値があるだろう★56。

ペットに関する文献は，性愛的魅力の対象としてのペット動物の可能性にふれることを避けてきた。一つの例外として，ある動物行動学者は，このような動物との関係は疑問の余地なく生ずることであるが，科学的な資料が乏しいと書き記している★57。人間と動物のふれあいの可能性は，それが厳しい処罰とともに，教典や法典に組み入れられるほどに差し迫った現実である。獣姦がまさに存在するとしても，明らかにほんのわずかな人の特殊な事例である。アメリカの有名な人間の性的習慣に関する報告書で，キンゼイ（Kinsey, C. A.）とその共同研究者は，アメリカでは成人男性の8％，成人女性の3％がなんらかの動物との性愛的接触を経験していると推定していた★58。

子どもの代わりとしてのペット

子どものいない夫婦に関する最も顕著なステレオタイプの一つは，子どもをもつことができない，望まない子どもの代わりとしてペットを利用しているということである。子どもに与えられていたかもしれない情緒的な価値と母性行動のすべてをペットに注ぐ子どものいない夫婦のケースがたしかに存在する。しかしながら，このテーマに関してはわずかな資料しかない★59。

子どものいない夫婦が他の夫婦よりペットを飼う可能性が高いということではない。実態はほとんどの夫婦が子どもとペットの両方にかこまれて暮らして

いる。ペットを飼う確率は，子どもがいるならば，低くなるのではなく高くなる[60]。ある探索的な調査研究によると，子どものいない夫婦の約3分の2がペットを飼っていることがわかったが，これらのうち，その約半分はコンパニオン・アニマルに対してかなり気まぐれな態度を示していた。残りの半分は，程度はさまざまであるが，ペットを子どものように扱う傾向があった[61]。実際に犬や猫を自分たちの「赤ちゃん」とよび，子どもとして扱われている動物への愛情に関してまったく開放的であった。もしペットが望んでいる子どもの代わりであるならば，ペットはまた，子どものいない状態の継続を決定する過程の一部になる。犬や他の動物を育てる経験は，場合によっては，親であることはたいへんだという自覚を増大させ，親になるのを敬遠する気持ちを強化してしまう[62]。

もしペットが子どものいない夫婦に対して子どものようにふるまうなら，ペットは既に子どもがいる親に対しても，もう1人の子どものようにふるまうだろう。ペットの一つの機能として中高年の親役割を長引かせるということがあるかもしれない。ある研究者によると，「ペットは常に注意を必要とし，ペットが飼い主にもたらす喜びは，部分的には継続して世話をすることから生み出される。必要とされる欲求は強力であり，子育てをしている親は何年にもわたってペットが自分に依存し続けることに満足している」(p. 288)[63]。

ペットと子どもがその役割を交代できるということは，反対に子どもがペットとして扱われるということでもある。家族によっては，1人の子どもがペットの役割を果たすために選ばれることがあるかもしれない。身代わりの正反対であって，この子どもは特別な特権を与えられ，何をしてもよいということになる。子どもはちやほやされ，注目の的となり，ご機嫌をとられたり，心をこめてもてなされたりして，家族を楽しませるという機能を果たすことが期待される。[64]

● 親の代わりとしてのペット

子どもはペットを親の代わりとして見るようになるかもしれない。大きな抱きしめたくなるような犬は，よちよち歩きの幼児が引っ張るのに対して無限の寛大さをもって，母よりも子どもにもっと忍耐強く，穏やかにふれあうかもし

れない。子どものためにペットを飼った親は，ペットというもう1人の「子ども」の面倒を見るようになるのかもしれないが，子どもはもう1人の「親」から利益を得るということに気づくだろう。

ペットを飼うことに問題はないのか？

　ペットの飼育についての一つの見解は，ペットの飼い主は，ある意味，心理的，社会的に何かを欠いているというものである。たとえば，それは，子どもがなく自立して暮らしている女性や子どものいない夫婦に当てはまるステレオタイプであろう。精神科医によって述べられた，ペットに強い愛着をもつ患者に関するコメントでさえもこの考え方を反映している[65]。

　この分野の有名な研究者であるサーペル（Serpell, J. A.）は，ペットへの愛情は情緒的な未熟さや弱さの表れであるとする見方に強く反対している[66]。彼は，ペットの飼育に対するこの態度は西欧のユダヤ・キリスト教の伝統の中にある一般的な見解の結果として出現したものだと述べている。すなわち，動物は支配者である人間のために，特別に創られたということである。彼はまた，ペットへの愛情を異常な反応として見るには，ペットの飼育が歴史を通して世界中に広く普及し，あまりにも一般的な現象になりすぎていると述べている。

　ではなぜ，我々の多くが，コンパニオン・アニマルと人生をともにするのだろうか？　これについてはコンパニオン・アニマルとのかかわりが社会構造の重要な一側面であるという意見が増えてきている[67]。ペットはさまざまな心理的欲求を満たしてくれる。ペットは情緒的サポート（emotional support）を供給することもできる。ペットは若者や高齢者，社会的，情緒的に孤立していると感じる人々にとって特に重要である。ペットは無条件の愛情や支えを提供できる。子どもにとっては，親や他の大人と違って，ペットは信頼でき，子どものことを評価しない友だちである。また，親にとっては，ペットは子どもたちの遊び相手や保護者である[68]。家族にとってコンパニオン・アニマルが重要になればなるほど，ペットは愛情や情感，友情，仲間づきあいといった人間の欲求をさらに満たすようになるだろう。ペットは身近な人を亡くした人や，社会的に孤立している人，健康で家族や社会的ネットワーク（social network）がある人にとっても大切な仲間や伴侶になる。

ペットの飼い主自身もコンパニオン・アニマルとの生活から多くの利益が得られることにすぐに気づくようになる。ペットは特に，思慮深さ，忠実さ，情感の豊かさを通して，飼い主の生活に喜びをもたらすだろう。飼い主が帰宅すると，ペットは喜んで飼い主を迎え，家人よりも熱狂的に迎えることも多い[69]。多くの場合，ペットとの関係と人間どうしの好ましい関係の間には類似点がある[70]。ペットは多くの場合人に依存しているが，反面では，楽しみ，遊び，息抜きの源泉である。餌だけでなく運動が必要な場合，ペットは飼い主に少し要求したりする[71]。

　子どもが成長し巣立っていった高齢者の場合，ペットがいるとそのペットを世話をすることが必要になる。これは高齢者の生活に意味や目的を付与し，高齢者がもっと自分自身に気を配るように仕向ける。結局，世話が必要な動物を飼うことは責任を負うことを意味する。このことは長生きになった高齢者に対してたくさんの副次的な効果があることを示している。

　ペットの中には運動が必要なものもいる。犬とともに暮らすことを選んだ飼い主にとって，犬の健康維持は飼い主自身の健康維持でもある。犬を散歩に連れ出すことは，特に高齢者には有効な軽い運動になる。犬にくわえて持ってこさせるために棒を投げたり，犬とボールで遊んだりすると，少し激しい運動であっても苦もなく日々の生活の中に取り入れることができる。飼い主の身体的な健康に対してペットが重要な役割を果たしているということは第5章で詳しく見る。身体的な効果に加えて，犬を散歩させることで得られる重要な心理的な効果もある。それは，犬を運動させている他の飼い主と社会的なかかわりができることである。また，他の飼い主と話をする時に，ペットは共通の話題を提供してくれる。

　研究者の中にはペットは寄生動物とまったく同じであると主張する人もいる。厳格なダーウィン学派（Darwinian）の感覚からすれば，ペットを飼育したからといって，人類の生存への適応性に加わるものは何もないのである[72]。ま

た，ペットの飼育には費用，——ペットの購入費，ペット費用の上位にくる餌代と獣医医療費——がかかるという事実にもかかわらず，忠実で，愉快で，情感の豊かなコンパニオン・アニマルからたくさんの恩恵を得ているという証拠が十二分にある。しかし，すべての人がペットと家や人生を共有すると決めたわけではない。そうすると，ペットを飼っている人は，心理的に，あるいは個人的な事情や社会的な状況に関して，ペットを飼わない人と異なるのだろうか？　次章ではこのようなペットを飼う人と飼わない人の違いを取り上げる。

🐾 引 用 文 献 🐾

〈＊マークの文献は邦訳あり，巻末リスト参照〉

1 Levinson, B. M. The value of pet ownership. *Proceedings of the 12th Annual Convention of the Pet Food Institute*, 1969, pp.12–18. Levinson, B. M. *Pets and Human Development*. Springfield, IL: Charles C. Thomas, 1972.
2 Cohen, S. Animals. *The Universal Jewish Encyclopedia*, Vol.1. New York: Universal Jewish Encyclopedia Co., pp. 321–328, 1939.
*3 Melville, H. *Moby Dick*. New York: Hendricks House, 1952.
4 Reed, C.A. Animal domestication in the prehistoric Near East. *Science*, 130, 1629–1639, 1959.
5 Levinson, B., 1969, op.cit.
6 Mugford, R. A. The social significance of pet ownership. In S.A. Corson (Ed.), *Ethology and Non-verbal Communication in Mental Health*. Elmsford, New York: Pergamon, 1979.
7 Mann, P.G. Introduction. In R.S. Anderson (Ed.) *Pet Animals and Society*. London: Bailliere Tindall, pp. 1–7, 1975.
8 Cain, A. O. A study of pets in the family system. *Human Behaviour*, 8(2), 24, 1979.
9 Connolly, J. The great American pet: Costs and choices. *Money*, 10(10), 40–42, 1981.
10 Messent, P.R. and Serpell, J.A. An historical and biological view of the pet-owner bond. In B. Fogle (Ed.) *Interrelations between People and Pets*. Springfield, IL: Charles C. Thomas, pp. 5–22, 1981.
11 Clutton-Brock, J. Man-made dogs. *Science*, 1340–1342, 1977. Musil, R. Domestication of the dog already in the Magdelanian. *Anthropologie*, 8, 87–88, 1970.
12 Davis, S.T. and Valla, F.R. Evidence for the domestication of the dog 12 000 years ago in the Natufian of Israel. *Nature*, 276, 608–610, 1978.
13 Clutton-Brock, J., 1977, op.cit. Messent, P.R. and Serpell, J.A., 1981, op.cit.
14 Zeuner, F.E. *A History of Domesticated Animals*. New York: Harper & Row, 1963. Scott, J.P. Evolution and domestication of the dog. *Evolution and Biology*, 2, 243–275, 1968.
15 Turnbull, P.F. and Reed, C.A. The fauna from the terminal pleistocene of the Pelegewra Cave. *Fieldana Anthropology*, 63, 99, 1974. Davis, S.T. and Valla, F.R.,

1978, op.cit.
16 Lawrence, B. Early domestic dogs. *Z Saugetierled*, 32, 44–59, 1967.
17 Degerbol, M. On a find of a preboreal dog (*Canis familiaris L*) from Star Cave, Yorkshire, with remarks on other mesolithic dogs. *Prehistoric Society for 1961 New Series*, 27, 35–55, 1961. Musil, R., 1970, op.cit.
18 Olsen, S.J. and Olsen, J.W. The Chinese wolf, ancestor of new world dogs. *Science*, 197, 533–535, 1977.
19 Harris, D.R. Agricultural systems, ecosystems and the origins of agriculture. In P.J. Ucko and G.W. Dimbleby (Eds) *The Domestication and Exploitation of Plants and Animals*. London: Duckworth, 1969.
20 Zeuner, F.E., 1963, op.cit.
21 Smith, H.S. Animal domestication and animal cult in dynastic Egypt. In P.J. Ucko and G. W. Dimbleby (Eds) *The Domestication and Exploitation of Plants and Animals*. London: Duckworth, 1969.
22 Zeuner, F.E., 1963, op.cit.
23 Fuller, J.L. and Fox, M.W. The behaviour of dogs. In E.S.E. Hafez (Ed.) *The Behaviour of Domestic Animals*, 3rd edn. London: Bailliere Tindall, 1969.
24 Sauer, C.O. *Agricultural Origins and Dispersals*. Cambridge, MA: MIT Press.
25 Hartley, E.L. and Shames, C. Man and dog: A psychological analysis. *Gaines Veterinary Symposium*, 9, 4–7, 1959.
26 Rosenbaum, J. I've got the meanest dog on the block. In *Is Your Volkswagen a Sex Symbol*. New York: Bantam, pp. 27–49, 1972.
27 Gee, E.M. and Veevers, J.E. Everyman and his dog: The demography of pet ownership. Department of Sociology, University of Wisconsin, mimeo, 1984.
28 *Time*. The great American farm animal. *Time Magazine*, December 23, 42–46, 1974.
29 Muller, P. Preposterous pets have always been our status symbols. *Smithsonian*, 83–90, 1980.
30 *Newsweek*. The pet set: Chic unleashed. *Newsweek*, September 9, 74–78, 1974.
31 Veevers, J.E. The social meanings of pets: alternative roles for companion animals. In B. Sussman (Ed) *Pets and the Family*. New York: Haworth Press, pp.11–30, 1985.
32 *Time*, 1974, op.cit. p.44.
33 *Newsweek*, 1974, op.cit.
34 Szasz, K. *Petishism: Pets and Their People in the Western World*. New York: Holt, Rinehart & Winston.
35 Harris, M.B. Some factors influencing the selection and naming of pets. *Psychological Reports*, 53, 1163–1170, 1983.
36 Messent, P.R. Review of the international conference on human–animal companion band held in Philadelphia, PA on October 5th–7th, 1981. *Royal Society Health Journal*, 102, 105–107, 1981.
37 Stein, J. and Urdang, L. *The Random House Dictionary of the English Language*. New York: Random House.
38 Rosenbaum, J., 1972, op.cit.
39 Endenbury, N., 't Hart, H. and Bouw J. Motives for acquiring companion animals. *Journal of Economic Psychology*, 15, 191–206, 1994.

40 Endenbury, N. et al. 1994, op.cit.
* 41 Moros, K. Loneliness and attitudes toward pets. *Japanese Journal of Experimental Social Psychology*, 24(1), 93–103, 1984.
42 *Time*, 1974, op.cit.
43 Harris, M.B., 1983, op.cit.
44 Hirsch-Pasek, K. and Treiman, R. Doggerel: Motherese in a new context. *Journal of Child Language*, 9, 229–237, 1982.
45 Slovenko, R. Commentaries of psychiatry and law shielding communications with a pet. *Journal of Psychiatry and Law*, 10, 405–413, 1982.
46 Beck, A.M. and Katcher, A.H. A new look at pet-facilitated therapy. *Journal of the American Veterinary Medical Association*, 184(4), 414–421, 1984.
47 Loughlin, C.A. and Dowrick, P.W. Psychological needs filled by avian companions. *Anthrozoos*, 6(3), 166–172, 1993.
48 Horn, J.G. and Meer, J. The pleasure of their company. *Psychology Today*, August, 52–57, 1984.
49 Beck, A.M. and Katcher, A.H., 1983, op.cit.
50 Kellert, S.R. Attitudes towards animals: Age-related development among children. Unpublished paper.
51 Mugford, R.A. and M'Comisky, J. Some recent work on the psychotherapeutic value of cage birds with old people. In R.S. Anderson (Ed.) *Pet Animals and Society*. London: Baillière Tindall, 1974.
52 Beck, A.M. and Katcher, A.H. Bird–human interaction. *Journal of the Association of Avian Veterinarians*, 3, 152–153, 1989. Hageboeck, J.M. and Beran, G.W. Animals serving the handicapped. *Iowa State University Veterinarian*, 48, 20–27, 1986.
53 Loughlin, C.A. and Dowrick, P.W., 1994, op.cit.
54 Kidd, A.H. and Kidd, R.M. Benefits and liabilities of pets for the homeless. *Psychological Reports*, 74, 715–722, 1994.
55 Beck, A.M. and Katcher, A.H. 1984, op.cit.
56 Gee, E.M. and Veevers, J.E. The pet prescription: Assessing the therapeutic value of pets for the elderly. Department of Sociology, University of Victoria, mimeo, 1984b.
57 Schowalter, J.E. The use and abuse of pets. *Journal of the American Academy of Child Psychiatry*, 22, 68–72, 1983.
58 Kinsey, C.A., Pomeroy, W.B. and Martin, C.E. *Sexual Behaviour in the Human Female*. New York: Cardinal Pocket Books
59 Rosenbaum, J., 1972, op.cit.
60 Gee, E.M. and Veevers, J.E. 1984, op.cit.
61 Veevers, J.E. *Childless by Choice*. Toronto: Butterworths, 1980.
62 Veevers, J.E. 1980, ibid.
63 Koller, M.R. *Families: A Multigenerational Approach*. New York: McGraw-Hill, 1974.
64 Rollins, N., Lord, J.P., Walsh, E., and Weil, G.R. Some roles children play in their families: Scapegoat, baby, pet and peacemaker. *Journal of the American Academy of Child Psychiatry*, 12, 511–530, 1973.
65 Keddie, K.M. G. Pathological mourning for the death of a domestic pet. *British*

Journal of Psychiatry, 131, 21–25, 1977. Rynearson, E.K. Humans and pets and attachment. *British Journal of Psychiatry*, 133, 550–555, 1978.

66 Serpell, J.A. *In the Company of Animals*. New York: Blackwells, 1986. Serpell, J.A. Pet keeping in non-western societies. *Anthrozoos*, 1, 166–174, 1987.

* 67 Horn, J.C. and Meer, J., 1984, op.cit. Katcher, A.H., Friedman, E., Beck, A. and Lynch, J. Looking, talking and blood pressure. The physiological consequences of interaction with the living environment. In A. Katcher and A. Beck (Eds) *New Perspectives on Our Lives with Companion Animals*. Philadelphia: University of Pennsylvania Press, pp. 351–362, 1983. Odendaal, J.S. and Weyers, A. Human–companion animal relationships in the veterinary consulting room. *South African Veterinary Journal*, 61, 14–23, 1990.

68 Salmon, P.W. and Salmon, I.M. Who owns who? Psychological research into the human–pet bond in Australia. In A. Katcher and A. Beck (Eds) *New Perspectives on Our Lives with Companion Animals*. Philadelphia: University of Pennsylvania Press, pp. 244–265, 1983.

* 69 Serpell, J.A. The personality of the dog and its influence on the pet–owner bond. In A. Katcher and A. Beck (Eds) *New Perspectives on Our Lives with Companion Animals*. Philadelphia: University of Pennsylvania Press, pp. 112–131, 1983.

70 Salmon, P.W. and Salmon, I.M., 1983, op.cit.

71 Berryman, J.C., Howells, K and Lloyd-Evans, M. Pet owner attitudes to pets and people: A psychological study. *Veterinary Record*, 117, 659–661, 1985.

72 Archer, J. Why do people love their pets? *Evolution and Human Behaviour*, 18, 237–259, 1996.

第2章
飼い主は他の人々と違うのか？

　人は，文明の初期の頃から動物との特別な関係を楽しんできた。食料や衣料にするために動物を狩ることから，動物を捕らえて養育するという，狩猟よりもずっと簡単でストレスが少ない方法を覚えた。しかし，中には次の食事や新しい毛皮のコートとしてではなく，いるだけで楽しみや慰めを感じさせてくれるような仲間（companion：コンパニオン）に見える動物がいた。そのような動物の特徴は，飼いならすことができること，人間に対してフレンドリーであること，そして時には我々人間どうしよりも深い忠誠心や愛情を示しさえすることであった。

　動物と一緒に，あるいは近い距離で生活することは世界各地で見られる現象である。しかし，人と動物の関係の本質は，国によってさまざまである。動物に対する態度の文化差は今日でも見ることができる。犬が人間の親友と見なされる国もあれば，犬を食べるという犬食が長い歴史をもつ国もある。たとえば中国では，犬の肉は特に夏の暑さを乗り切る薬効があると信じられている。犬は汗をかかないため，犬肉を食べると暑さによって引き起こされる病気を防ぐことができると信じられていたり，犬が活発に息を弾ませるのでその肉が呼吸器の病気に効くと思われているのである。

　犬食が一般的な韓国では，猫を食べる猫食も見られる。韓国政府は国際的な圧力に屈して犬肉の給仕を公的に禁止したものの，大衆料理として残っている。たしかに，韓国の通常の基準では，犬肉はレストランで食すには高価なもので

2 飼い主は他の人々と違うのか？

あるが，地元のマーケットではもっと安く手に入れることができる。韓国の多くの家庭でペットとして犬が飼われているが，それらの犬は，活発さや忠誠心，強さや機敏さがあると認められ，選ばれた，数少ない幸運な犬たちなのである。飼い主の好意を得るのに失敗した不運な仔犬は，犬の卸売り商人や，肉として売るべく犬を育てる畜産家に売られやすい。犬食は韓国や中国に限ったことではない。ネイティブアメリカンの文化にも犬食の習慣があるし，ある時代のヨーロッパでは複数の地域で犬肉が広く見られたという報告さえあるのだ。しかし，今日のほとんどの近代工業化社会では，犬は恵まれた社会的地位をもち，犬肉を食べることは社会的に容認されないと考えられている。

人と動物との関係が長い歴史をもっているにもかかわらず，ペットを飼うことが「誰しもが行うような自然で普通の現象ではない」とする見解が残っている。それどころか，ペットを飼う人は飼わない人とは何か違っているという主張もなされている。この文脈でなされる区別は，たいていペットの飼い主に対して好ましくないものである傾向がある。すなわち，飼い主が自分の生活のギャップや社会的能力の不完全さに悩み，それを自分とは違う種の動物との情緒的な関係によって埋めることを選択した人だと見なされているのである。

ペットをもつことに特別な意義を見いだし，ペットなしでいるのがいやな人がいるのは本当である。他方，ペットを試しに一度飼ってみて，非常に面倒であることやコストに比べて得るものが少ないことがわかるという人もいる。動物は動物好きの人と動物に関心のない人や動物嫌いの人とを見分けられる，という証拠さえある。猫に関する研究によれば，事前に猫好きか猫嫌いかを確認して，その人のことを知らない猫と同じ部屋に入れた時，猫は猫好きの人により近寄る傾向があったという。研究者は，猫は人間の微妙な体の動きに敏感で，匂いによって猫好きの人間を見分けることができるのだろうと述べた★1。

ペットがさまざまな役割を果たし，人間のさまざまな欲求を満足させることができるということは既に第1章で見てきた。しかし，ペットを飼う人々が飼わない人々と違うということはあるのだろうか？　ペットの飼い主には何か特別な特性があるのだろうか？　ペットの飼い主は心理的気質の点で非飼い主と区別できるだろうか？　ペットの飼い主の「タイプ」が存在するのだろうか？

心理学者たちは長年の間，そうした問題について考えてきた。これから示す

ように，ペットは一緒に暮らす人間に対して確実によい影響をもっていることで知られる。ペットはストレスを和らげ，この世の面倒なことから一時的に逃れさせてくれ，批判することなく延々と話を聞いてくれる忠実な仲間となってくれる。しかし，「あるタイプの人々が他の人よりも，動物を仲間として見る傾向がある」ということがあるのだろうか？

　動物との関係のあり方によって，さまざまな方法で人々を分類をすることができる。コンパニオン・アニマルと一緒に暮らすことが，ある特定のグループやサブグループの人々の間で特に広く行われているのかどうかを明らかにするために，ペットの飼育の性質や程度を調べることから始めよう。ペットを飼うことは，特定の文化や特定の人口統計学的グループにおいて特に顕著に見られるのだろうか？　さまざまなグループの動物に対する態度の違いに関する一般的な知識をもとにして，特定のグループ間のペットの飼育パターンの違いを予測できるだろうか？　ペットを飼うことは特別なライフスタイルと関連しているだろうか？　最後に，ペットを飼うことに有意に関連するような，特有の心理学的特徴が存在するのだろうか？

ペットの普及

　ペットは広く普及している。動物と家や生活をともにすることの世界的流行と重要性が，世界各国の数字に表れている。1995年までに，イギリスでは猫が720万匹，犬が660万匹飼われている★2。アメリカでは，アメリカペット用品工業会（the American Pet products Manufacturing Association）が1994年に実施した「ペットの飼い主調査（Pet Owners Survey）」が，アメリカの家庭で飼われるペットの数は増加していると報告している★3。平均的なペットの飼い主は，結婚しており，一軒家に住み，50歳以下で同居の子どもがいなかった。ペットの数は一家族につき平均およそ2匹で，合計して5300万世帯（56％）で飼われていると見積もられた。5400万匹の犬と5940万匹の猫がペットとして飼われていた。アメリカの家庭の約29％が猫を，36％が犬を飼っていた。さらに，3％の家庭で730万匹の爬虫類が飼われており，そのうち44％の家庭で海ガメ，44％でイモリ，33％でトカゲ，24％でヘビ，8％で陸ガメ，5％で

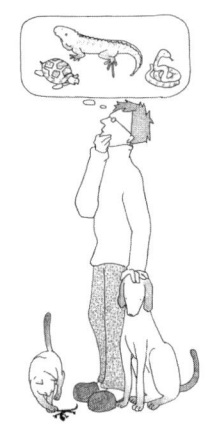

カエル，4％でサンショウウオが飼われていた。加えて，アメリカの家庭の6％で1600万羽の鳥が飼われており，最も人気なのは小型のインコとオカメインコであった。1994年のアメリカでは1200万の魚の水槽があると見積もられた。犬，猫，鳥の飼い主にとっては，親交と愛情がペットを飼うことの最も重要な利益であった。犬の飼い主にとっては，番犬としての機能もまた重要な利点であった。特定の種の人気は，時代によって変化するようである。たとえばアメリカでは，1980年代の初頭から1990年代の初頭の間に，馬の所有（40％）と同様，犬の所有が減少し，猫と鳥がいくぶんより広く所有されるようになった[4]。

同時期に行われたオーストラリアでの調査では，60％の家庭でペットが飼われていることが明らかになった。その調査からは，40％の家庭で犬が，27％の家庭で猫が飼われていることがわかった。全体で，380万匹の犬と250万匹の猫がペットとして飼われていた。半数以上の家庭（53％）で犬か猫のどちらかが飼われていた。ペットを飼っている家庭のうち，68％が犬を，45％が猫を，25％が鳥を飼っていた[5]。この研究から，一人暮らしでよりも家族で犬が飼われ，一方，猫の場合は一人暮らしで飼う場合と家族で飼う場合とが同じくらいであることが明らかになった。

1968年から1988年の間のフランスにおけるペット飼育の動向を論評した「経済と統計（Economie et Statistiques）」の報告から，ペットの世話のコスト増加にもかかわらず，ペットの飼育——特に犬の飼育——が増加していることが明らかになった[6]。20年間で犬は66％増え，数にして1968年の420万匹から1988年の700万匹以上にも増加した。猫の数も増加したが，それはわずか15％，数にして410万匹から470万匹の増加であった。1998年には33％の家庭が犬，22％が猫を飼っていた。

ペットの飼い主の個人的状況

　ペットの飼育は家族環境との関連において調査されてきた。家族はますます固定したユニットとしてよりはむしろ常に変化し適応していく組織として見なされるようになってきている。家族グループの中で、メンバーはそれぞれに役割を担っている。そうして次にはペットがグループの一部となり、他の家族メンバーと同等の地位を享受できるだろう。しかしペットが家族の中で果たす役割を理解するためには、家族システムが発展する際に通るさまざまな段階を注意深く検討する必要がある。ペットの所有は、ペットを飼える可能性やその背後にあるさまざまな理由を強めたり弱めたりするような、飼い主の人生の段階や個人的状況とかかわっている可能性がある。

　長年にわたり家族のライフサイクルの段階を分類するためのいくつもの枠組みが考え出されてきた。その中の一つでは、いくつかのはっきりした段階が区別されている。①確立段階（新婚時代）、②乳幼児のいる家族、③就学前の子どもがいる家族、④就学児のいる家族、⑤ティーンエイジャーの子どもがいる家族、⑥（独立前の）若年成人のいる家族、⑦子どもが巣立った後の家族（エンプティ・ネスト）★7。家族のライフサイクル段階を考えると、人生におけるさまざまな社会的役割や地位が発達していく中での基準点を描き出すことができる。さらに、家族のライフサイクル段階は、家族の構造を理解する指標としても妥当であり、家族の中で果たされるペットの役割や機能を理解するにあたっても重要な概念である。

　都会の環境でペットが果たす社会的・情緒的役割について検討した調査がある。アメリカのロードアイランドでペットを飼っている人320人とそうではない人116人に対して電話調査を行った結果、ペットを飼っている人は自分のペットを重要な家族のメンバーと見なしており、それが特に都市部に住む人に見られることがわかった★8。ペットの飼い主はペットがもたらしたネガティブな結果よりもペットが果たすポジティブな役割を強調したが、ペットと飼い主の関係の性質は飼い主の社会環境や家庭環境によって違っていた。

　都市部の居住者の中では、婚姻状況、同居している子どもの数、家族のライ

フサイクルにおける段階，年齢および収入がすべて，ペットを飼っているかどうかに関連していた。特に婚姻状況は，ペットを飼うこととの関連において重要な個人的要因であるようだ。しかし，その意義は，単にペットを飼っているかどうかではなく，ペットへの愛着（attachment）という文脈においてより大きいことが明らかになった。ペットへの愛着は，子どものいないカップルや新婚カップルおよび子どもが巣立った後の人（エンプティ・ネスター）と同様，独身者，離婚した人，死別した人，および再婚した人で最も高い傾向があった★9。再婚経験者と同様，独身者・離婚した人・死別した人は，同棲カップルや初婚の人よりもペットへの愛着の得点が高いことが明らかになった。現在配偶者や恋愛のパートナーがいない人々はペットに対してより高い親密感をもっているという結果は，ペットが情緒的満足感の重要な源である可能性を示唆しているのかもしれない。しかし，再婚した人が初婚の人よりもペットにより強い愛着をもっているという結果もまた興味深い。

先のロードアイランドの研究では，ペットを飼っている人は飼っていない人と比べて子どもの数が多いということはなかったが，現在同居している子どもの数は飼っていない人の場合よりも多かった★10。ペットを飼っている人は，就学年齢の子どもやティーンエイジャーの子どもがいる家庭に多く，エンプティ・ネスターや乳幼児のいる家庭では少なかった。また，非常に幼い子どものいる家庭ではペットを飼っている率は低かった。

個人の家族ライフサイクルにおける段階は，ペットへの態度に関連するもう一つの重要な要因である。ペットへの愛着は，ライフサイクルにおいて独身者や未亡人と同様，新婚時代やエンプティ・ネストの段階で高く，乳幼児のいる家庭で特に低かった。就学前，就学年齢，ティーンエイジ，独立前の子どもがいる家族ライフサイクルにある時期には，ペットへの愛着の程度は低いことが示された。

ペット所有率については，家族の最年長者が30歳から49歳の家庭で最も高く，中年期にある家族はペットを飼う確率が高いことを示している★11。ペットを飼っている人は収入の面でも飼っていない人とは違っている。ペットを飼っている人はペットを飼っていない人々よりも収入が高い。ペットの飼育にはコストがかかることを考えると，この結果は驚くにはあたらない。

居住形態は，都市部ではペットの所有に有意に影響するものではないが，飼っているペットの種類により関係があるかもしれない。先述のロードアイランド調査では，犬を飼っている人には借家よりも家を所有している割合が有意に高く，集合住宅よりも一戸建てに住んでいる割合が高かった。一方，猫・鳥・魚の飼い主は居住場所に違いはなかった。家族ライフサイクルにおける段階は都市部のペットの飼育にも影響を及ぼしており，ペットを飼いはじめる時期に関係していた。ペットを飼う率が最も高いのが新婚時代，小学生の子どもがいる家族，ティーンエイジの子どもがいる家族であった。逆に，エンプティ・ネスターと，配偶者と死に別れた死別者は最も率が低かった。

　アメリカ獣医学協会（the American Veterinary Medical Association）が1992年に実施した全国調査によれば，中年期（78.7%）あるいは親が高齢（71.7%）にさしかかる家庭でペットの所有率が最も高く，次に若いカップル（70.4%）と若い親（67.4%）が続いた。単身者（若者48.7%，中年43%，高齢29.2%）と高齢で仕事をもつ夫婦（55.4%）および退職した夫婦（41.4%）ではどんな種類のペットでも所有率がずっと低かった★12。

　オランダでの研究からは，ペットを飼っている人と飼っていない人との間に多くの違いが見られたのに加え，家族形態や居住場所や家庭環境の点で，ペットの種類によっても飼い主の間に違いがあることが明らかになった。ここでも，ペットを飼っている人と飼っていない人では異なるタイプの住居に住んでいることがわかった。田舎か都市部かにかかわらず，ペットを飼っている人は飼っていない人に比べて二戸建て住宅か一戸建て住宅に住んでいる割合が高かった。また，ペットを飼っている人には結婚している人や子どもがまだ家族と同居している人が多かった★13。

個人の経済状況

　ペットを飼うことは裕福さや経済的安定の程度と関連しているため，家族のライフステージはある程度ペットを飼うことと関係があるだろう。世界中のペット飼育者は，ペットフードの価格や獣医にかかる費用が増加するに従い，ペットの餌や健康に対するケアに一層費用を費やしている。たとえばフランス人のペットの飼い主の研究では，ペットの飼育にかかる費用が1970年から1988年

の間に13倍になっていることがわかった。ペットにかかる費用は家計の約1.1％を占め，旅行にかける費用にも匹敵する★14。

　家庭の裕福さとペットを飼うことの関連はくり返し観察されている。イギリスでは，社会経済的階級は猫を飼っているか犬を飼っているかを識別する要因としてはかなり弱いが，一般的に比較的費用がかからない鳥の飼育は低所得のグループにより多く見られる★15。しかし，イギリスでその10年前に実施された調査では，高所得世帯や中所得世帯（73％）は低所得世帯（44％）よりもずっと高い確率でペットを飼っていることが明らかになっている★16。ペットの飼育と個人の経済状況との関連に関するさらなる証拠がオランダで行われた調査でも明らかになっており，ペットの飼育は職のない人よりも職のある人の間に広く見られた★17。一方，同じようなアメリカの調査では，収入とペットの飼育の間に関連は見られなかった★18。しかし，青年期の人々のペットの飼育について調べた別のアメリカの研究では，経済的に状態のよい家庭でペット所有率が高かった。親の収入と青年期に動物を飼う利点を享受できる機会との直接的な関係が明らかになったのである★19。

　ペットへの愛着を測定する尺度の一つに，飼い主がペットの医療にどの程度費用を用意する気があるか，というものがある。アメリカの都市部のペットの飼い主に関する報告から，ペットの健康を保つためにはかなりの費用が費やされることがわかった★20。インタビューを受けた飼い主のおよそ6人に1人（17％）が上限を100ドルとし，約半数（48％）はペットが助かるならば喜んで必要なだけいくらでもかけると述べた。20人に1人（5％）が500ドル以上かけると答えた。

　婚姻状況，子どもの数や同居する子どもの存在，あるいは家族ライフサイクル段階によってペットへの愛着が異なっていたにもかかわらず，これらの要因のいずれもが，飼い主が動物医療費をいくらまでなら払うつもりがあるかということと関係がなかった。個人の所得も，ペットの飼い主が支払う用意があると答えた金額に関連がなかった。しかし，ペットの種類によって費やす金額に

違いが見られた。犬の飼い主では半数以上（56%）がいくらでもかけてよいと答えたのに対し，猫の飼い主では10人中4人以下（38%）がそう答えた。また，その他のペットを飼っている人では，10人中4人強（42%）がペットの医療に50ドルあるいはそれ以下しか費やさないだろうと答えていたものの（そう答えた犬の飼い主は2.5%，猫の飼い主は4.7%），驚くべきことに同じくらいの割合の人（38%）がいくらでもかけると答えた。このアメリカの調査での飼い主の圧倒的大多数（80%）が，飼っているペットの種類にかかわらず，ペットは自分にとって非常に重要だと答えた。

動物に対する態度

ペットを飼うか否かは，動物に対するより一般的な態度を反映しているかもしれない。動物嫌いな人がペットを飼っている可能性は低い。動物に対する態度を調べることで，どういう人が最も動物に好意的かということも特定できるかもしれない。

これまでの態度に関する調査では一貫して，男性に比べて女性のほうが動物の虐待に寛容ではなく，人間以外の種に関して功利主義的考え方をもっていないことが明らかになっている。たとえばある報告では，女子大学生は男子大学生よりも実験動物の痛みや苦しみに対する懸念を示していた★[21]。他の研究では，男性より女性のほうが実験の一部として動物にショックを与えることを拒否するだろうと答える人が多かった★[22]。

性差は動物に対する態度や知識のほとんどすべての次元において見られ，男性と女性が動物に対して異なる情緒的・認知的志向性をもっていることを示唆するほどその差は大きいと結論づけられた★[23]。このケースでは，女性の動物に対する態度は人道主義的かつ道徳主義的志向を特徴とし，男性のそれはより功利主義的かつ支配的志向を特徴とすると報告された。

動物についての知識や態度におけるジェンダー差は，調査された要因によって，青年期あるいはその前に現れるようである。動物についての知識，動物に対する恐怖心，そしてどの種を好むかについての性差は，小学校に上がる年齢までに表れると報告されている★[24]。他にも，女の子ではなく，男の子のほう

が，就学前から小学2年生の間に，動物の赤ちゃんや動物の世話の仕方についてのより詳しい知識を発達させる[25]。

　男性と女性では動物に対するふるまいも違っている。幼稚園の男の子と女の子は，ある種の動物に対して異なる行動を示すことがわかっている[26]。馬の所有者でも，男性と女性では自分の馬の扱いが違う[27]。女の子は男の子よりもペットに対して責任感を示す[28]。当然，動物の権利運動（animal rights movement）への関与の程度にも，ジェンダー差が反映されているのである。

　動物に対する男女の行動の違いに関する研究に加え，ジェンダー，性役割志向，および動物の扱いに対する態度と動物福祉についての考え方の関係を検討した研究がある[29]。動物に関するほとんどすべての尺度で，ジェンダーに関連する有意差があった。男性は女性に比べて動物の問題について関心が低かった。しかし，一般的に仔猫やチョウチョといった「かわいい」動物をさわる時には女性と男性は同じくらい心地よさを示したが，クモやヘビやヒキガエルのように比較的評判のよくない動物では，女性は男性よりも心地よさを示さなかった。女性が男性よりもより親密に感じた動物は，馬と犬だけであった。女性的な性役割志向もまた（調査回答者の実際のジェンダーはさておき），動物への態度と関連があった。より「女性的な」人生観をもっている人は，動物の福祉により大きな関心を示したが，一部の動物をさわることにはより不快感をもっていた。社会文化的理論家はこれらの結果について，女性は生まれた時から愛育的で思いやりをもつよう社会化されているのに対し，男性は女性に比べて感情的にならないよう条件づけられる可能性が大きいという見地から説明するだろう。女性は男性に比べて，より「人間志向（person-oriented）」で人間関係に長けていることが見いだされている。また，女性は男性よりもかわいい動物を好む[30]。

　動物一般に対する肯定的態度は，ペットを飼うことに結びつく重要かつ根本的な要因であることが予想できるだろう。ペットを飼っている人をペットを飼うことを避ける人と見分ける最も明白な性質は，動物への愛情である。たしかにペットを飼っている人は動物に対して特別な愛情をもっているに違いないだろうが，これははたしてペットの種類が何であってもそうだろうか？　それはおそらく根本的な条件に違いない。実際，この問題についての研究により，ペ

ットと暮らす人々は，そうではない人よりも動物に対してより大きな愛情をもっていることが確認されている★31。現在ペットを飼っていない人でも過去に飼った経験のある人は，一度もペットを飼ったことがない人に比べてより動物に愛情を示したが，動物への感情は現在ペットと暮らす人々に比べると冷たいものであった。

 とはいえ，ペットを飼っている人の動物に対する態度が必ずしも飼っていない人の態度と異なるというわけではない。動物が好きなのは，ペットを飼っている人だけではないのである。ペットを飼っていない，そして飼ったことのない人の多くが，それでも動物が好きだという。それも本気で。ペットを飼っている人は，なんらかの理由で，より進んで動物と暮らしたり，動物を世話したりしたい人なのである。しかしその他の点で，ペットを飼っている人は飼っていない人とは違う世界観をもっている。

 たとえばペットを飼っていない人々は，より独立的で自立している人であることが判明しており，彼らは将来にわたる義務を負うのを好まない。こうした特性は，なぜ彼らがペットを飼わないかを説明する手がかりになるだろう。そもそも，彼らはペットを飼っている人が必要としている程度には強いコンパニオンシップ（親交）の必要を感じていない。さらに，彼らはペットを世話する責任を負いたくないのである。ペットを飼っていない人はまた，家を清潔でこぎれいにしておくことを重要視している点でペットを飼っている人とは異なることが判明している。ペットを飼っていない人にとっては，家をこぎれいにしておくことが非常に重要なのである。彼らは，犬や猫の毛が家具についたり，キッチンの床に汚い足跡がついたり，カーペットや装飾品が擦り切れたりしてもかまわないという人々とは違うのである★32。

 ペットがみずからの自由を制限するものである，という考えはペットを飼っている人には浮かばない。飼い主はペットから社会的サポートを得ており，ペットはしばしば人間あるいは家族のメンバーと見なされる。そのような利点は，家を汚されるという飼い主の心配よりもずっと重要なのである。ペットを飼っている人はペットがいないと一人ぼっちに感じる。そうした動物はコンパニオンシップを与えてくれるのである。ペットは愛情の対象であり，話しかけるべき「誰か」なのである。

動物に対して好意をもっていても、ペットを飼っている人でも、ペットを飼い続けるべきかそうせずにおくかを左右する社会的圧力から完全に自由なわけではない。人間の友人仲間からの肯定的な反応が重要な承認なのである。友人から反対されれば、ペットを飼いたがっている人も、動物のコンパニオンを得るのをあきらめるかもしれないのである。

自分のペットを購入するということも、とても重要なことである。自分で購入した人は、誰かにペットを買ってもらった場合と全然違って、自分のペットをパートナーと見なす可能性がずっと高い。それはつまり、自分で購入するだけに、より一層ペットを思いやりや愛情の対象として評価するということを意味する。このような関係の場合は、他者の意見に左右される可能性も低い★33。

ペットの飼育と社会的能力には関係があるか？

ペットを飼うことに並外れて夢中になる人は人間に希望をもっていないのだ、という見解がある。明らかに、正常で適応的な人は、友人がいるだけでなく、少なくともいくらかの時間は他者と一緒にいることを楽しむものである。他人との社会的な接触を一切絶ってしまうことは、普通、情緒面に深刻な問題があることの兆候だと見なされる。他者に関心をもち、他者と知り合うような人間関係に加わりたいと思うことは、正常で健康的な人間発達の主要な側面なのである。これまで見てきたように、ペットを飼うことはコンパニオンシップの源となり得るが、それは他者とうまくやっていけないことをどの程度示唆しているのだろうか？

1960年代と1970年代のアメリカで、ペットを飼っていない人は、ペットを飼っている人よりも友好的で社交的であるとの証拠が得られた。逆に、ペットを飼っている人は、ペットを飼っていない人に比べて他の人々を好きではなかった★34。ペットを飼っている人は、自分たちは他者との関係を重大視していないと答えた。しかしこの研究では、ペットを飼っている人と飼っていない人はその他の多くの面では類似していた。この研究結果は、回答者が自分自身に関して認めてもいいと考えていることに基づいており、必ずしも完全に正確あるいは真実を表しているとは限らない★35。

アメリカの単科大学の若者を対象にした調査からは，ペットを飼っている人は飼っていない人よりも実際に社会的意識がより高く，他者を信頼していることが明らかになった★36。他のアメリカ人学生の調査では，ペットを飼っている人は飼っていない人に比べて他者との社交に費やす時間が多いとの報告がなされた★37。我々がどのくらい社交的かということは，たいてい個人のパーソナリティによるといってもいいだろう。生まれつき社交的な人もいれば，人と一緒にいると控えめで不安な人もいる。しかし，今のところ心理学者は，外向性や神経質さについてペットを飼っている人と飼っていない人との違いを見いだせてはいない★38。

　ペットを飼っている人たちに社会的能力に関して尋ねたところ，ペットを飼っている若者はペットを飼っていない若者よりもみずからを社会的能力がなく，満足のいく友人関係をもっていないと見なすことがあることが示された★39。ペットを飼っているティーンエイジャーは，ペットを飼っていないティーンエイジャーよりも有意に大きな孤独感を感じていることがわかった★40。これらの結果とは対照的に，ペットを飼っている人は余暇時間の活動時に親友，仲間，パートナーとしてクラスメートから選ばれることが最も多いことを明らかにした研究もある★41。12歳から14歳の子どもの余暇活動を観察した研究からは，ペットを飼うことは社会的コミュニケーションによい影響を与えていることが示された★42。ペットを飼うことで，飼い主は仲間の注目の的になれるのかもしれない。実際に，子ども時代にペットを飼っていたことと大人になってからの社会的スキル，特に他者と共感する能力との間に強い相関があることが明らかになっている★43。

パーソナリティとペットの飼育

　ペットを飼うこと自体とパーソナリティの関係は，明らかになっているとはまだまだ言いがたい状況である。実際，ペットを飼っている人とそうでない人の性質の違いはほとんどないといわれている。その代わり，数々の社会的ステレオタイプがペットを飼っている人に付随し，その結果，実際にはほとんど違いがないのにペットを飼っている人はより陽気で，社交的，外向的，そして自

信がある人だと知覚されるのである。ペットを飼っている人は，共通の人生観によって特徴づけられる独特の社会的集団であると思われているのかもしれない。ペットを飼っていない人の多くもまたペットを飼っている人と同程度に外向的で自信家であるかもしれないが，彼らはペットを飼っている人のような特定の集団アイデンティティをもっていないために，同じように個人的なステレオタイプによる特徴づけがなされないのである。

　主要なパーソナリティの次元については，ペットを飼っている人と飼っていない人の間に違いはあったとしてもきわめて小さい。しかし，ペットを飼っている人の中ではどれだけペットに愛着をいだいているかを考慮すると，性格の違いが浮かび上がってくることがある。ペットの飼い方は，飼い主のパーソナリティで決まるというよりは，むしろペットと飼い主の間で築かれる絆(bond)の強さで決まるのだ。アメリカのバージニア州とワシントンDCでペットを飼っている人を対象に実施された訪問面接調査から，ペットを飼っている人は自分自身に関する全体的な評価はペットを飼っていない人と違いがなかったものの，ペットにどれくらい入れ込んでいるかによってパーソナリティに重要な違いがあることが明らかになった。すなわち，ペットと非常に親密な関係であった飼い主やペットに大きな注意を払っていた飼い主は，より内向的で自尊心が低い傾向があったのである★[44]。

　これらの結果は，ペットを喜ばせたりペットの歓心を引いたりすることに特に一生懸命な飼い主は，内気で引っ込み思案な人であることを示している。おそらく，他者を相手にしなくてはならない場では，社会的スキルが少なく自信に欠けているのだろう。ペットを飼うことがそうした特性を生み出す可能性は低いと思われている。しかし，他者との関係をつくったり維持したりするのが苦手な人にとって，ペットが人間との交流の代わりとして作用する可能性はある。

　自尊心の低い人にとっては，ペットを飼うことは特に重要だろう。人間である飼い主にみずからの命を預けて生きるコンパニオン・アニマルの面倒を見るという責任を負うことで，飼い主の人生はより価値のあるものになる。ペットの飼い主に対する無条件の愛情は，自分自身をあまり高く評価していない人にとっては，自分が価値のある人間だという感情を高めるのに重要な役割を果た

しているのだろう。青年期という重要なパーソナリティの形成時期には，ティーンエイジャーの自己評価は親との関係性によって決まる可能性がある。アメリカのティーンエイジャーの調査では，ペットを飼っている青年とそうでない青年とでは親との関係の質に違いはなかったが，ペットを飼っている青年はより高い自尊心をもっているとの結果が明らかになった。もしこの知見が強固なものであれば，家族よりもペットのほうが個人に大きな影響をもっているということである。ペットを飼っている若者たちによれば，彼らはペットから責任感と友情と楽しみを得ているのである★[45]。

　ペットを飼うこと自体よりもペットへの愛着の程度がよりパーソナリティと関係しているとの仮説の妥当性は，高齢者におけるパーソナリティの違いとペットの飼育との関連に関する知見からも支持された。これまで，ペットの飼育は高齢者にとって特別な効果をもつことが明らかにされてきた。ペットは，加齢に伴う種々の変化のために社会的に孤立したり機動力が低下したりしている高齢者にコンパニオンシップをもたらす。とはいえ，すべての高齢者がペットを飼っているわけではない。高齢でペットを飼うこともまた，飼い主のパーソナリティに関連している。ペットを飼っている高齢者は多くの重要な点で同年代のペットを飼っていない人とは異なる。特に，自尊心が低く，援助や支え，そして気にかけられているという感覚を強く求めている★[46]。ペットが無条件のコンパニオンシップや情緒的サポートを与えることで，ペットを飼っている高齢者は自分自身のことをよく思うことができるのかもしれない。高齢者にとってのペット飼育の価値に関するこのような説明は，一般的にペットを飼っている人は飼っていない人に比べて依存的であるという他の研究結果からも補強される。同時に，ペットを飼うことを敬遠する人は自分の家をきちんとこぎれいに保つことに関心があるのに対し，ペットを飼う人は孤独を避けることに一生懸命であった★[47]。

ペットの種類による飼い主の違い

　もう一つの重要な違いは，人々が飼おうとするペットの種類である。たとえば，猫好きの人は犬好きの人とは違うのだろうか？　鳥の愛好家は水槽を見つ

2 飼い主は他の人々と違うのか？

めている人とは違うのだろうか？ つまり，飼っているペットの種類はその人がどういう人かということを表すのだろうか？ この点についての意見の一致は見られていないが，心理学者の中には飼っているペットはその人のパーソナリティを表すものだという者もいる★48。

我々人間が種々さまざまなペットとともに暮らしていることは言うまでもない。犬や猫は最も人気の高いペットであり，その次に鳥，魚，そしてウサギやモルモットやアレチネズミ等の柔毛質の動物が続く。ペットを飼っている家庭でも，ペットの数や種類はさまざまだろう。犬だけを飼っている人もいれば，猫だけを飼っている人もいる。一方で，1つ屋根の下で多種多様な生き物を飼っている家庭もあるだろう。アメリカのペット飼育者400人以上と非飼育者800人以上を無作為抽出した全国調査によれば，ペットを飼っている人の47％が1匹の犬を飼い，6％が2匹以上の犬を飼っていた。ペットを飼っている回答者の5人に1人以上が1匹の猫を飼い，3％が2匹以上の猫を飼っていた。また，1％以下が魚を飼い，5％がその他の種類のペットを飼っていた。しかし，ペットを飼っている人のほぼ5人に1人が，犬，猫，魚以外の動物を数種類飼っていた。このように，飼っているペットの種類によって家庭を分類することはできるが，ペットの種類に関連するような飼い主自身の顕著な社会的状況や心理学的特徴といったものはあるだろうか？

好きなペットの種類には，たしかにジェンダーの違いがある。女性は猫を好み，飼っていることが多く，男性に比べてペットとして犬や魚や鳥を飼うことが少ないことが明らかになっている。男性は，とりわけ犬を欲しがる傾向がある。男性の犬所有はパーソナリティに関連しているともいわれ，外交的なパーソナリティの人ほど犬を飼う可能性が高い★49。青年の飼い主では，女の子は男の子に比べて猫を飼っていることが多いことが示されている。この年代では，犬を飼うこと自体には明白なジェンダー差はないものの，男の子は女の子よりも大型犬を飼うことが多い★50。

すべての動物が好きだという人もいれば，ある特定の種の動物だけが好きだという人もいる。特定の好みがなくすべての動物が好きだという人と，他のペット以上に犬が好きな人，および猫が一番好きな人を比較したところ，それぞれのグループでパーソナリティ特性に違いが見られた。ここで重要な基準とな

っているのは，実際に飼っているペットの種類ではなく，最も好きなペットの種類である。こと所有については，好み以外の要因に影響される可能性がある。サプライズ・ギフト（突然の贈り物）としてもらったり，不在の友人や親戚のためにペットの世話を買って出たり等の理由で，自分の好みでは選ばないようなペットを飼う羽目になる人も多いだろう。嗜好されるペットの種類は，個人のパーソナリティと同様，男性と女性でも異なることが明らかになっている。

ペットが全般的に好きな男性と，特に犬が好きな男性は，より支配的なパーソナリティをもつ傾向があった。対照的に，猫好きな女性は，より服従的で穏やかであった。すべての猫好きの人は，男性女性にかかわらず，より気遣いのある人々であった。特に犬が好きな男性は，しばしばより攻撃的なタイプであったが，犬好きな女性と猫好きな女性はおしなべて攻撃性は低い傾向があった★[51]。

この研究は，さらに馬やカメ，ヘビや鳥といった犬猫以外のペット所有にパーソナリティタイプが関連しているかどうかの検証に発展した。14歳から74歳までのアメリカ人200人を対象にインタビューが行われた。これらは，獣医，ペットショップ，あるいは一般的な動物愛護団体を通して集められた人々である。このインタビュー協力者は皆，飼っているペットの種類にかかわらず自分のペットにかなりのお金と時間とエネルギーを費やしている人々であった。馬の飼い主は自己主張が強く内省的である一方，あまり温厚ではなかった。男性の馬の飼い主は，攻撃的で支配的であったが，女性の馬の飼い主はおおらかで，概してまったく攻撃的ではなかった。

カメの飼い主は勤勉で信頼でき，将来性豊かな人々であった。一方，ヘビの飼い主は，常に何か新しいことや人とは違ったことをしようと目を光らせているような，型にはまらないタイプである傾向があった。ヘビの飼い主はお決まりの仕事に対する忍耐力が低く，変わりやすく予測不可能なライフスタイルを楽しんでいた。そのようなパーソナリティ特性をもつ飼い主は，人とは違ったことをすることを楽しむために，珍しいペットに引かれるのだろう。さらに，ヘビに対する悪い評判は，実際は不当なものであるが，自身がいささか気まぐれで型にはまらないような人々には魅力的なのかもしれない。このようなヘビの飼い主がもつ気まぐれで冒険心のある性質は，ヘビの飼い主の中にクロゴケ

グモやタランチュラなどのはいまわるようなペットも飼っている人がいたというさらなる発見によって強調されることとなった。

　鳥の飼い主は，満ち足りており，礼儀正しく，思いやりがあり，見栄を張らない人々であった。彼らは非常に社交的で，広い友人ネットワークを維持しようと努力していた。実際，彼らにとって友人は非常に重要な存在であった。友人とよい関係を維持し，友人を守ることが彼らの生活の中心であった。

　女性の鳥の飼い主は男性の馬の飼い主のように，支配的なパーソナリティをもつこともあり得る。とはいえ，鳥の飼い主は一般的には社交的で親切であった。彼らのオープンで面倒見のよいパーソナリティは，鳥の魅力的な色やキスによる愛情表現や，歌ったり話したりする表情の豊かさに引きつけられていた。鳥の飼い主のほとんどは，籠に入れて飼う従順な小鳥であるオウム，キュウカンチョウ，セキセイインコを飼っていた。

　飼い主の間でパーソナリティ要因に著しい違いが見られたものがいくつかあった。馬の飼い主は自己主張的で内省的，かつ自分に気を遣いすぎるタイプであったが，特に温厚でもないし面倒見もよくはなく，また危険を冒すタイプでもなかった。男性の馬の飼い主は他のどのペットの飼い主のグループよりも，とりわけ攻撃的で傲慢であった。

　一般的に，カメの飼い主は勤勉で，自分だけではなく世界中の人々がよい生活を送れることを望むような，思いやりのあるタイプであった。こうした特徴は，動きはのろまだが行き先を知るカメが，敏速だが行き当たりばったりで安定しないノウサギより先にゴールにたどり着くというカメの文化的イメージにその説明を見いだすことができる。

　ペットの存在は，時に人のパーソナリティの一部に変化を引き起こす可能性があるように見える。そこまでいかなくとも，我々の気分を高揚させることがある。たとえば，高齢者や子どもは，ペットを与えられることで自尊心を強めることができる。成人でさえ，ペットを飼うことで情緒的に恩恵を受けることができる。ペットの有無によるこうした違いは，ペットを飼っている人と飼っていない人の幸福感の違いに見ることができる。犬や猫の飼い主は自分自身を高く評価していることが明らかになっているが，これはペットを飼うことの直接的な結果である★[52]。

この章では，既に広く普及しているペットの飼育において，ペットの飼い主を，特定のパーソナリティや個人的・社会的状況によって分類することができるのかを見てきた。そのような個人差によって常にペットを飼っているか否か判別できるわけではないが，飼い主のペットに対する愛着の程度とはより明確な関連をもっているようである。ペットへの愛着は，飼い主とペットがお互いに発展させる関係の主要な側面であり，なぜ動物と生活をともにすることを選択する人がいるのかを理解する要となるものである。次章では，ペットとの絆や愛着という問題をより詳細に見ていくことにする。

😺 引用文献 😺

〈＊マークの文献は邦訳あり，巻末リスト参照〉

1　Derbyshire, D. Love him or loathe him, telepathic Tiddles can tell. *Daily Mail*, 1998, 3 September, p.17.
2　Johnson, P. Just what makes us such a nation of animal lovers? *Daily Mail*, 1998, 1 August, pp.12–13.
3　American Pet Products Manufacturing Association. *Pet Owners Survey*. Cited in *Anthrozoos*, 8 (2), 111, 1994.
4　AVMA. *Survey of the Veterinary Service Market for Companion Animals*. Centre for Information Management, American Veterinary Medical Association, 1992.
5　Urban Animal Management Coalition, 1994
6　INSEE, *Economique et Statistiques*, March, No.241, 1991.
7　Aldous, J. *Family Careers: Developmental Change in Families*. New York: Wiley, 1978.
8　Albert, A. and Bulcroft, K. Pets and urban life. *Anthrozoos*, 1(1), 9–25, 1987.
9　Albert, A. and Bulcroft, K., 1987, ibid.
10　Albert, A. and Bulcroft, K., 1987, ibid.
＊11　Purvis, M.J. and Otto, D.M. *Household Demand for Pet Food and the Ownership of Dogs and Cats: An Analysis of a Neglected Component of US Food Use*. Department of Agriculture and Applied Economics, University of Minnesota, St Paul/Minneapolis, 1976. Beck, A.M. Animals in the city. In A.H. Katcher and A.M. Beck (Eds) *New Perspectives on Our Lives with Companion Animals*. Philadelphia: University of Pennsylvania Press, 1983. Salmon, P.W. and Salmon, I.M. Who owns who? Psychological research into the human–pet bond in Australia. In A.H. Katcher and A.M. Beck (Eds) *New Perspectives on Our Lives with Companion Animals*. Philadelphia: University of Pennsylvania Press, pp. 244–265, 1983.
12　AVMA, 1992, op.cit.
13　Endenburg, N., Hart, H. and de Vries, H.W. Differences between owners and non-owners of companion animals. *Anthrozoos*, 4(2), 120–126, 1992.
14　INSEE, 1991, op.cit.
15　Messent, P.R. and Horsfield, S. Pet population and the pet–owner bond. In *The*

Human–Pet Relationship. Institute for Interdisciplinary Research on the Human–Pet Relationship. Vienna: IEMT, Austrian Academy of Sciences, pp. 9–17, 1985.

16 Goodwin, R.D. Trends in the ownership of domestic pets in Great Britain. In R.S. Anderson (Ed.) *Pet Animals and Society*. London: Bailliere Tindall, pp. 96–102, 1975.

17 Endenberg, N. et al., 1992, op.cit.

18 Marx, M.B., Stallones, L. and Garrity, T.F. Demographics of pet ownership among US elderly. *Anthrozoos*, 1(1), 36–40, 1987.

19 Covert, A.M., Whiren, A.P., Keith, J. and Nelson, C. Pets, early adolescents and families. In M. Sussman (Ed.) *Pets and the Family*. New York: Haworth Press, pp.95–108, 1985.

20 Albert, A. and Bulcroft, K, 1987, op.cit.

21 Gallup, G.G. Jr. and Beckstead, J.W. Attitudes towards animal research. *American Psychologist*, 43, 474–476, 1988.

22 Tennov, D. Pain infliction in animal research. In H. McGiffin and N. Bromley (Eds) *Animals in Education*. Washington, DC: Institute for the Study of Animal Problems, pp. 35–40, 1986.

23 Kellert, S.R. and Berry, J.K. Attitudes, knowledge and behaviours toward wildlife as affected by gender. *Wildlife Society Bulletin*, 15, 363–371, 1987.

24 Bowd, A.D. Fears and understanding of animals in middle childhood. *Journal of Genetic Psychology*, 145, 143–144, 1984. Kidd, A.H. and Kidd, R.M. Factors in children's attitudes towards pets. *Psychological Reports*, 66, 775–786, 1990.

25 Melson, G.F. and Fogel, A. Children's ideas about animal young and their care: A reassessment of gender differences in the development of nurturance. *Anthrozoos*, 2, 265–277, 1989.

26 Melson, G.F. and Fogel, A, 1989, ibid.

27 Brown, D.S. Human gender, age, and personality effects on relationships with dogs and horses. Doctoral dissertation, Duke University, Durham, NC, 1984.

28 Kidd, A.H. and Kidd, R.M., 1990, op.cit.

29 Herzog, H.A., Betchart, N.S. and Pittman, R.B. Gender, sex role orientation and attitudes toward animals. *Anthrozoos*, 4(3), 184–191, 1991.

30 Hills, A.M. The relationship between thing–person orientation and the perception of animals. *Anthrozoos*, 3, 100–110, 1989.

31 St. Yves, A., Freeston, M.H., Jacques, C. and Robitaille, C. Love of animals and interpersonal affectionate behaviour. *Psychological Reports*, 67 (3, Pt2), 1067–1075, 1990.

32 Guttmann, G. The psychological determinants of keeping pets. In B. Fogle (Ed.) *Interrelations Between People and Pets*. Springfield,IL: Charles C. Thomas.

33 Guttmann, G., 1981, op.cit.

34 Cameron, P., Conrad, C., Kirkpatrick, D.D. and Bareen, R.J. pet ownership and sex as determinants of stated affect towards others and estimates of others' regard of self. *Psychological Reports*, 19, 884–886, 1966.

35 Cameron, P. and Mattson, M. Psychological correlates of pet ownership. *Psychological Reports*, 30, 286, 1972.

36 Hyde, K.R., Kurdek, L. and Larson, P. Relationship between pet ownership and

self-esteem, social sensibility and interpersonal trust. *Psychological Reports*, 52, 110, 1983.
37 Joubert, C.E. Pet ownership, social interest and sociability. *Psychological Reports*, 61, 401–402, 1987.
38 Paden-Levy, D. relationship of extraversion, neuroticism, alienation and divorce incidence with pet ownership. *Psychological Reports*, 57, 868–870, 1985.
39 Serpell, J.A. *In the Company of Animals*. New York: Blackwells, 1988.
40 Bekker, B. Adolescent pet owners versus non–owners: friendship and loneliness. Unpublished doctoral dissertation, University of Pennsylvania, 1986.
41 Guttmann, G. et al, 1983, op.cit.
42 Siegmund, R. and Biermann, K. Common leisure activities of pets and children. *Anthrozoos*, 2, 53–57, 1988.
43 Paul, E.S. Pets in childhood: Individual variation in childhood pet ownership. *IZAL Newsletter*, 7, 6, 1994.
44 Johnson, S.B. and Rule, W.R. Personality characteristics and self-esteem in pet owners and non-owners. *International Journal of Psychology*, 26(2), 241–252, 1991.
45 Covert, A.M. et al, 1985, op.cit.
46 Kidd, A.H. and Feldman, R.M. Pet ownership and self-perceptions of older people. *Psychological Reports*, 48, 867–875, 1981.
47 Guttman, G, 1981, op.cit.
48 Johnson, S.B. and Rule, W.R. 1991, op.cit.
49 Edelson, J. and Lester, D. Personality and pet ownership: A preliminary study. *Psychological Reports*, 53 (3, Pt.1), 990, 1983
50 Covert, A.M. et al., 1985, op.cit.
51 Kidd, A.H. and Kidd, R.M. Personality characteristics and preferences in pet ownership. *Psychological Reports*, 46,939–949, 1980.
52 Martinez, R.L. and Kidd, A.H. Two personality characteristics in adult pet owners and non-owners. *Psychological Reports*, 47, 318, 1980.

第3章
なぜ我々はペットに愛着を感じるのか？

　人間はかなりペットに愛着をもっていると獣医はいう[1]。「愛着（attachment）」はもともと文学で子どもの初期の発達段階を指す用語として造られ，当初は世話をする人と幼児の間に築かれる絆を意味していた[2]。そして，この用語はいくとおりにも定義されてきた。感情の状態や感覚，そして人間が他人を自分たちの近くに引きとめておくために使う具体的な行動をも意味するようになった[3]。

　愛着の形成は人間の正常な発達にはとても大切である。基本的な欲求とそれに関係して示される行動においては，人間は他の動物と多くの類似点をもつと動物行動学者は指摘している。人間と動物は，飢え，性，攻撃の動因に加えて，縄張り，探索，愛着に関連した欲求を示す。愛着は社会関係が生存や発達に重大な役割を果たす（生物）種にはきわめて重要である。社会的な絆は母親と幼児から始まり，父親，きょうだい，親族，仲間，異性へと広がっていく。初期の母子の絆（mother-child bond）は安全と養育に対する子どもの欲求から生まれる。子どもは家を出て，自立できるよう十分に成長するまで面倒を見てもらう必要がある。

　心理学の書物[4]では母子の絆が重要視されているが，そのような絆を取り巻く社会的環境もまた重要であると霊長類に関する研究が示している。たとえば，仲間と一緒であるが，母親とは隔離されて育てられたアカゲザルの子どもは，仲間から隔離されて母親だけによって育てられたアカゲザルの子どもより

成長してからサル社会でうまく生きていける★5。この結果は，母子の絆が重要でないという意味ではなく，健全な心の発達にはその他の社会的な関係も同じように重要であることを意味している。

人間どうしで愛着を築き，維持するために行われている行動は人とペットの間でも同じように行われている★6。たとえば，人とペットの相互作用の多くは親と子のそれと似ている。それは，子どもとペットは同じような特性をたくさんもっているからである。たしかに，ペットは誰かに面倒を見てもらうという点で子どもとよく似ている。多くのペットは子どもと同じように教えられたり，支えられたりしている。

これまでに見てきたように，動物とのかかわり方について，人間は動物への愛着を人への愛着の代わりにしているのではないかと推察する研究者もいる。この点については肯定否定両面の証拠がある。たしかに，ペットを飼っている人の中には人とかかわるよりペットとかかわるのを好む者もいる★7。しかしその一方で，ペットを飼っている人はペットを飼っていない人に比べて人のことが好きだという証拠もある★8。おそらくここで最も重要な点は，コンパニオン・アニマルは人に絆を体感する機会を与えていることである。さらに，他の人に対して内気であったり，社交性に欠ける人は，ペットを飼うことによって周りに人がいる時に感じられる不安に悩まされずに，人間や社会との関係を築き，維持する練習をしたりできる。

ある研究者たちは，幼児期から10代に入る前に見られる心理社会的欲求を満たすためにペットを飼うことが有効であると示唆している。発達のこの段階で，ペットは多種多様な方法で育ち盛りの子どもの力になれるのである。ペットは保護者や親友のように信頼できる忠実な仲間となり，子どものストレスや不安を軽減してくれる。ペットは誰かが世話をする必要があり，そして子どもがこのことを行うことで，自然に責任感を身につけていくのである。また，ペットは友だちがいない子どもとっては友だちの代わりにもなる。

人間と動物の絆（human-animal bond）は一般的に肯定的なものとして経験されるのはなぜかという疑問に答える見解が2つある。まず，ペットは示される愛着に対して何ら判断を下さない。ペットは成功や魅力といった通常の基準とは関係なく飼い主を愛す。次に，ペットは大人になっても子どものような

性質をたくさんもっている。ペットはいつまでも飼い主に面倒を見てもらい，また動物として，子どもとして，そして幼児期の自分自身としてかわいがられている★9。

ペットから受ける満足感

　ペットは飼い主の基本的な欲求を充足させる。親密なかかわりと同様に，ペットは私たちに世話をする役割を与えてくれたり，忙しくさせたり，安全だと感じさせてくれたり，時には運動をするよう刺激を与えてくれたり，さわったり見たりする対象として楽しませてくれる★10。ペットは高齢者や定年を迎えた人に家族や地域社会への帰属意識を与えてくれる。また，子どものいない夫婦にとっては，子どもの代わりにもなる。ペットのよい点は，ペットがありのままの私たちを受け入れてくれるということである。ペットが私たちに示す愛着は無条件のものである。多くの場合，人間にとってペットは有益であり，特に精神的健康（emotional well-being）を維持するのに役立つ。

　コンパニオン・アニマルと深い関係を築くことができるかどうかは，ペットを飼うことが喜びとなるか，いらだちの原因となるかで決まる。猫の飼い主に関する研究によると，飼い主は猫が甘えてきたり，近づいてきたり，ふれたり，ゴロゴロと喉を鳴らしたりといった猫独特の感情表現を好む。猫はそっけないことでも有名だが，餌の時間に飼い主に取り入るような行動をするだけでなく，愛着の感情を見せたりして，飼い主のご機嫌をとることもある。

　もし猫がカーペットを爪で引っかいたり，テーブルの足を爪をとぐ場として使ったり，室内でくり返しなわばりの印をつけるために家具にスプレーする等の破壊的な行動をして飼い主を困らせたら，猫の評判は下がってしまう。また，猫の飼い主は猫が社交性や愛着のない様子を示したり，他の猫とけんかをしたり，食べ物の選り好みをするようになった時には，腹を立てる★11。

　ペットとの絆がどのように人の気分をよくさせ，飼い主の積極的行動を引き出すのかについては多くの実例がある。老人ホームの高齢者がペットとかかわると，抑うつ状態の改善に顕著な効果があると報告されている★12。私たちは皆，必要とされ，誰かを愛し，親しい仲間が必要なのである。猫や犬や鳥のよ

うなペットはこの欲求を満たしてくれる。

　ペットは人では対応できないような方法で忠誠心と深い愛着を示す。このことは特に子どもにとって重要であるだろう。いつも要求されるばかりだったり，条件つきでしか情緒的サポート（emotional support）や友情を与えられないと，子どもは自信をなくし，親，きょうだい，さらに他人からも注意されているように感じるようになる。これとは対照的に，ペットは特別な成果を求めないし，子どもも無条件に受け入れる。さらに，ペットは子どもに責任感を与え，世話をすることで子どもに献身的な行動を身につけさせることができる。

　人間がペット，特に犬や猫を飼うおもな理由は，人間のあらゆる欲求を満たしてくれるペットの包容力にある。これは人間どうしのさまざまな関係において共通する基礎的な感情のあり方である。ペットは仲間，親友，情緒的サポートの源が合わさって一つになったようなものである。さらに，ペットは治療としても役立ち，不安な時に自信をもたせてくれたり，怖いと思う時に安心感を与えてくれたり，そして誰もいない時には代わりに責任をとってくれたりする。

　このように，飼い主とペットの関係は多種多様である。ある人にとっては，ペットとの関係は深く，個人的で，情緒的なものである。その一方で，子どもにしてみればペットはおもちゃのような存在であり，大人にしてみれば一つの所有物なのかもしれない。他の所有物と同じように，ペットの魅力は時の経過とともになくなっていく。強調すべき重要なことは，ペットはおもちゃではなく，無生物の所有物と同じように扱われるべきではないということである。しかしながら，このような注意にもかかわらず，ペットをステータスシンボル（地位の象徴）としか考えていない人もいる。

ペットに対する愛着の起源

　人と動物との関係は幼い頃から少しずつ築かれていく。子どもの時にペットを飼っている家に育った人は，大人になった時にペットを飼う傾向がある。さらに，大人になった時，子どもの時に一緒に暮らした動物と同じ種類の動物を飼う可能性が高い。しかし，動物に対して強い愛着をもつかどうかは子どもの頃の経験とあまり関係がない。ある研究によると，私たちは子どもの頃にペッ

トを飼っていたかどうかに関係なくペットに対して強い愛着をいだけるようである★13。また，別の研究によれば，人はある特定の動物と特に強い絆が築けるようである。コンパニオン・アニマルの飼育は楽しく，その関係は心地よいものであるが，思いがけず偶然飼うことになった動物に対しても同じような感情をもつようになる★14。

特定の動物に対する嫌悪感も幼少時に決定づけられる。たとえば，犬への恐れも幼い頃の犬に関する苦い体験の結果として，古典的な条件づけが作用したものである。もし仲のよい犬をペットとして飼っていたらこのような恐れはきっともたなかったであろう。子ども時代の恐怖体験は大人になっても覚えているものである★15。

独身の者や離婚した者のような人間関係の希薄な人は，子どものいる家族に比べてペットに対する愛着が強いと指摘されている★16。一人暮らしの女性はペットを飼っている人や他の人と一緒に暮らしている人と比べて孤独であると報告されている★17。ドイツで実施された猫を飼っている独身者についての研究では，独身の猫の飼い主はそうでない猫の飼い主より，多くの時間を猫と一緒に過ごし，猫に対してより強い愛着をもっていることがわかった★18。ペットロスによる苦悩は他の人と一緒に暮らしている人に比べて独身で強く★19，家族規模とは負の関係が見られた★20。

それでは，ペットの飼育（pet ownership）は生活環境に左右されるのだろうか。現代西洋社会の居住形態（living arrangement）と伝統的な社会のそれはきわめて対照的である。たとえば，たくさんの家族が一緒に住み，わずかなスペースしかなくプライバシーがほとんどない先住民族の町と，現代の典型的な西洋の街とでは，住居環境がまったく異なっている。このような文化の相違は人生を別の方向へと導く。西洋社会は個人主義，合理性と支配，自由意志と物質主義を中心としており，一方，先住民族の社会は共有意識，情緒的表現，決定論（determinism），唯心論を中心としている★21。これらの違いは，徐々に，人間の行動や信念に幅広く影響を与えていく。このようなことから考えると，ペットの飼育が現代の豊かな西洋社会で普及するようになったことも理解できる。すなわち，ペットの飼育は情緒的な欲求を満たし，伝統社会での拡大家族の役割を担っているのである。

しかし，比較文化的な研究には，伝統的大家族においてもペットの飼育が普及していることを示す知見がある。異なる文化におけるペットの扱い方の違いは，家族規模よりも動物に対する異なる伝統や信念と深く関係している。そうではあっても，特殊な文化的伝統の中においても，社会的接触が希薄な生活ではペットに対する愛着は強まるようである。実際にペットを飼っている割合は，一人暮らしの人や豊かな家族の愛情に包まれながら生活している人でも同じくらいかもしれないが，ペットに対する愛着は社会的接触が少ない人ほど深くなる★22。

絆のメカニズム

ペットと飼い主の関係で重要な点はお互いのコミュニケーションのとり方である。ふれあうことはこのコミュニケーションにおいて大切な意味をもつ。ペットと飼い主に関する研究によると，女性は男性よりやさしく感受性が豊かであるという固定観念にもかかわらず，男性も女性と同じようにペットにふれていることがわかった。男性は女性と同じ仕方で，同程度，ペットをなでたり，抱いたりしている★23。特に犬は男性が男らしさを失わずに公衆の場面で堂々と感情をやりとりできる動物である。研究結果に裏づけられなかったもう一つの固定観念は，女性は感情のはけ口として小型犬を好むというものである。しかし，女性は大型犬でも小型犬と同じように心地よく感じ，また安心するようである。

人と動物の関係に関する別のメカニズムは，飼い主がペットに話しかけるときに使う言葉に見られる。動物と人間どうしのような関係を築くうえでの障害は限られた知性と言葉の欠如である。しかし，多くの飼い主はペットがあたかも言葉を理解し，話せるかのようにふるまう。動物病院に来た80人の飼い主のうち，79％の人がペット対して人間と同じように話しかけていると答え，80％がペットは飼い主の気持ちを敏感に察知していると信じていた★24。

既に述べたことだが，ペットへの話しかけ方は幼い子どもに話しかけるのと似ている。赤ちゃんや子どもに対して使われる言葉は大人と話す時には使われない具体的な特徴がある。これは母親語（motherese：マザーリーズ）とよばれ，短い発声，多くの命令，質問，くり返し，単純な文章，付加疑問文（「……ですね？」と最後につく）等，いくつかの特徴からなる。

　犬に話しかける時に使っている言葉と，大人と話す時に使っている言葉を比較するために，飼い主が犬に対して話している場面を記録した[25]。その結果，母親語のほぼすべての特徴が犬に対する一方的な話しかけの中にも現れていることが明らかになった。また，これらの研究は，幼い子どもと接する時に最初に使われる言葉のパターンが，幼児などの大人よりも理解力の低い他者と接する時にもよく使われることを示していた。

　人とペットの関係でもう一つ重要なのは，人間は動物に自分の考えや感情を投影できる点である。人間は心をもつものとして他者を見る，すなわち，それぞれに信念や意志があると考えている。しかし，この能力の副産物として，上記のような特徴を過度に他者に押しつけようとする傾向があり，これを動物に対して行った場合は擬人化（anthropomorphism）になる。この時，ペットはまるで人のように扱われる。したがって，ある点では人間関係と同じような関係がつくられる。

　それぞれの動物の行動はペットに対する愛着の一因となるのだろうか。この質問に答えるためにサーペル（Serpell, J. A.）はイギリスのケンブリッジに住む37人の犬の飼い主と47人の猫の飼い主を対象に調査を実施した[26]。その結果，犬と猫の行動に対する飼い主の評価はいくつかの点，特にあそび好き，自信，感情，興奮，人見知り，利口さ，飼い主への攻撃性で大きく異なっていることが明らかになった。飼い主は中程度に愛着をもつグループと強い愛着をもつグループの2つに分けられた。

　犬の飼い主は，理想の犬に比べて飼い犬は，なじみのない状況では自信がなくなり，興奮し，感情的になり，従順でなくなり，落ち着かなくなり，そして置き去りにされる状態をいやがったりすると評価した。猫の飼い主は，理想の猫に比べて飼い猫は，なじみのない状況では自信がなくなり，感情を表に出さないようになり，興奮し，従順でなくなり，知っている人に対しても攻撃的に

なると評価した。中程度に愛着をもつ飼い主と，強い愛着をもつ飼い主の理想の犬や猫の評価は変わらなかった。「実際」のペットの評価では，強い愛着をもつ犬の飼い主は，中程度の飼い主よりも犬を利口だと評価していた。強い愛着をもつ猫の飼い主は，中程度の飼い主よりも猫を騒がしいと評価していた。

ペットの行動と飼い主の愛着の程度に関係があるのならば，それは飼い主がもっているペットの種類や血統に対する期待に左右されるだろう。その場合には，「実際」の行動の評価は，飼い主の愛着の程度を予測する信頼できる指標にはならない。中程度に犬に愛着をもつ飼い主では，実際の犬の性格と理想のそれとの間に常に大きな食い違いが見られた。猫の飼い主はこの点に関して一貫した傾向を示さなかったが，自分の猫がどれくらい飼い主に対して愛情豊かであるかということに関しては，中程度に猫に愛着をもつ飼い主のほうが理想よりも悪いと評価していた。

また，この研究は，犬に強い愛着をもつ飼い主に比べて，あまり愛着をもたない飼い主の方が，犬のほぼすべての行動において常に満足していないと示していた。猫にあまり愛着をもたない飼い主は，明らかにペットの示す愛着の量に満足していないが，他の点では犬の飼い主ほど一貫したものではなかった。

犬と猫の「実際」の行動に対する知覚の差異は，2つの動物種に関する世間一般の描写と一致していた。猫は，興奮しやすくなく，活動的でもあそび好きでもないことに加えて，移り気で，見知らぬ人にはよそよそしく，犬ほど感情が顕ではないと一般的には考えられている★[27]。猫と犬の「理想」の評価に著しい違いが見られなかったのは，理想のペットの行動的特徴が，猫の飼い主と犬の飼い主の間で驚くほど一致しているからである。猫と犬の飼い主がペットに対して異なる期待をもった別のタイプの人間であるという広く受け入れられている見解と矛盾するように思われるかもしれないが，飼い主からすれば，期待されるものと理想とされるものが違うということなのだろう。

「実際」の行動は，犬猫ともに飼い主の「理想」から大きくかけ離れていた。犬の場合は，神経質，恐がり，興奮しやすさ，従順さの欠如，分離不安（separation-related anxiety）に食い違いが見られた。「理想」の犬が「現実」の犬よりも感情的でなく，落ち着いているという評価から，動物たちを過剰に愛し，期待しすぎているという飼い主の問題を指摘できる。「理想」とする犬と

猫の行動は動物に対する愛着の程度とは関係がない。したがって，自分のペットにそれほど強い愛着を感じないのは，ペットに対して過大であったり，非現実的な期待をもった結果ということではない。

利口な犬や騒がしい猫に強い愛着をもつ飼い主もいるようだが，ペットが示すほとんどの行動を見ると，飼い主のペットに対する評価は愛着の程度とは関係がないことがわかった。この結果は，飼い主の立場からすれば理にかなったことであり，ペットの完璧なまでの行動がそれほど重要でないことを示している。

自分のペットに対する評価と「理想」のペットの評価に見られた一般的な食い違いは，特に犬に関して，飼い主の愛着の程度に影響を与えるということであった。サンプル数が少なく統計的に意味のある結果を示すことはむずかしいのだが，自分のペットと「理想」のペットの差異はあまり愛着を感じない犬の飼い主で常に大きいということがわかった。猫の飼い主の間には同じようなパターンが見られなかった。自分のペットと理想のペットに示された犬猫の飼い主のこの見方の大きな違いは，強い愛着をもつ猫の飼い主に見られる理想的な感情表現の程度と密接に関連していた。

ペットの社会的意味

複数の研究者によると，ペットは飼い主のために社会的に重要な意味をもつ多くの機能を果たしている。第1章で見たように，ある研究者はコンパニオン・アニマルの3つの機能を示している。すなわち，投影の機能，社交性の機能，代理の機能である★[28]。投影の機能は飼い主がペットを象徴的自己の拡張として扱うことを示す。換言すれば，飼い主は自分たちの社会的地位を飼っているペットの種類や，どのように接しているかやどのように扱っているかで示そうとする。社交性の機能には人間どうしの相互作用を促進するというペットの役割が含まれる。ペットは話題を提供してくれる。また，ペットは飼い主どうしを引き合わせることにより，「社会的触媒（social catalysts）」としてはたらく。たとえば，同じ公園に犬を散歩に連れて行く飼い主はペットがじゃれ合っている時によく会話を始めたりする。ペットはまた友人の代わりとしての

はたらきもしてくれる。代理の機能とはペットとのかかわりが他の人とのかかわりの代わりや補充になるということである。極端な場合，飼い主があまりにもペットとの関係に依存しすぎて，飼い主とペットとの関係が飼い主と他の人との関係を補うのではなく，とって代わってしまうこともある。

愛着に関する証拠

　人とペットの間で築かれる深い愛着に関する証拠がさまざまなところで得られている。飼い主へのインタビューによって，ペットとの間で培われた深い絆についての詳しい内容が明らかになることがよくある。飼い主はペットのことを話す時にまるで家族の一員であるかのように話す。それだけではなく，飼い主はペットに対して人に話すように話しかける。深い愛着はペットが死んだ時に飼い主が被る喪失と別れの感覚に反映される（第9章参照）。100人程度のアメリカ兵の家族を対象に実施された調査で，3分の2（68％）の回答者がペットは完全に家族の一員であると考え，約3分の1（30％）が親しい友人と考えていた。ほぼすべての回答者（96％）が家族におけるペットの役割はとても大切であると考えていた★[29]。

　アメリカの都市部に住むペットの飼い主に対する電話調査では，飼い主はコンパニオン・アニマルと一緒に住む利点を強調し，否定的なことについてはほとんど何も述べなかった。飼い主はそれぞれの社会的状況や情緒的状態が違うにもかかわらず，一般的にペットととてもよい関係を維持していると報告していた。ペットに対する愛着は独身の者，離婚した者，配偶者を亡くした者で強かった。しかし，ペットとの親密なかかわりは一人暮らしの人だけに限定されるものではない。ペットはまた，いわゆる「エンプティ・ネスター」とよばれる，すなわち，子どもたちが自立した生活をするために家を出てしまい，取り残されてしまった人に特に安らぎを与える。また，新婚家庭や子どものいない夫婦でも愛着が強くなる。独身の者，離婚した者，子どものいない夫婦はペットを特に人のように扱う傾向がある。一人暮らしの者にとってペットは話しかけることのできる同居人であり，子どものいないカップルにとってペットは子どもの代わりであった★[30]。

飼い主へのインタビュー調査だけでなく，飼い主がコンパニオン・アニマルに対してどのような行動をとるのかということを非参与観察法により調査した研究もある。このような調査から，飼い主とペットの間で培われた親密さに関する補足的な資料が得られる。

　人間どうしの関係において親密さの程度は非言語的シグナルによって伝えられることが多い。私たちが会話をする時にお互いの間で維持する対人距離がその一つの例である。私たちは相手を知っているほどお互い近くに立つ。飼い主の観察から，飼い主は家族との間でとる距離と同様の距離をペットとの間でもとるということがわかった。一方，ペットを飼っていない人は動物にそれほど近づくことはなかった★31。

　こういった現象を調べた研究の一つに，ある研究者が10家族を対象にそれぞれ20時間強，家族と犬とのふれあいを観察したものがある★32。インタビューで犬にそれほど強い愛着をもたないと答えた家族は，深くて強い愛着をもっていると答えた家族と比べて，短い時間しか犬とかかわっていないことがわかった。まさにこの関係は双方向から作用する。ペットの犬は誰なら注意を引くことができるのか学ぶ。したがって，犬にあまりかまうことなく無視をする家族の成員とは，犬はかかわらなくなる。犬は，自分の存在を無視する家族よりも，かまってくれる家族との接触を多くするのである。犬は誰が自分の友人であるのかを知っている。強い愛着をもっていると答えた家族がある程度の間，犬と一緒にいないで再会した時，彼らはその空白を埋めようといつもよりも多く犬をかまうようになる。

　さらに観察してみると，ペットには飼い主の好ましい情緒的反応を引き出す能力があった。好ましい反応はふれあうとか，ペットが飼い主を見た時によろこんでいるというよい雰囲気から出てくる。よい雰囲気でペットとのかかわりを維持することは飼い主にとっては癒し（sense of comfort）になる。

愛着を測定することに関する問題

　人間と動物の関係に関する多くの研究は，ペットに対する愛着の程度に焦点を当てている。愛着の程度を評価する標準化された測定法が，質問紙（questionnaire）という形式で，既にいつくか開発されている★33。このような測定手段には，飼い主の視点から人間と動物の関係についての客観的で量的な評価を得ることができるという利点がある。

ペット愛着度尺度（Pet Attachment Survey：PAS）とよばれる質問紙は個人がどれだけペットに愛着を感じているかを測定するように考案されたものである★34。その尺度には「あなたはペットから離れると悲しく感じる」「あなたはペットが近寄よるのをいやがる」といった項目が含まれている。PASには2つの下位尺度があり，①関係維持尺度：ペットとの相互作用やコミュニケーション，一緒に過ごす時間，経済的な関与，②親密性尺度：ペットとの近接性，ペットの情緒的な意義，をそれぞれ測定する。

ペットとして飼われている動物はほとんどが犬と猫であるから，愛着を評価する質問紙にはこの2種類の動物とのかかわり方が主に反映されている。さらに犬は，「人類の最良の友」といわれるように，人間どうしのかかわりで見られるのと同じように多様な行動を示すことができる。そのため犬との関係は動物とのかかわりの理想像とされている。このような理由から，ペットとの関係は散歩をしたり，一緒に旅行をしたり，毛繕いをしたり，しつけたりするといったおもに人間と犬との相互作用に関する行動に基づいて評価される。これは人間が他のあらゆる種類のペットと喜びを分かち合う関係を特徴づける，愛情，信頼感，忠誠心，楽しい活動といった情緒的側面を評価するのとはかなり違う。その結果として，犬と猫の飼い主の愛着を比較する研究では，犬の飼い主のほうが猫や他のペットの飼い主よりも愛着の程度が高いと報告されることがよくある。

記述的な研究からわかったことは，犬の飼い主は猫の飼い主よりもペットをちょっとした用事や旅行に連れて行き，猫の飼い主はペットを家に置いておくということであった。しかし犬の飼い主も猫の飼い主もどちらも等しくペットを家族の一員と見なし，話しかけたり，食べ物を分け与えたりしていたし，ペットは飼い主のことを理解することができると考えていた★35。

愛着に関するもう一つの研究では，犬と猫の飼い主は他のペットの飼い主よりも高い愛着得点を示したのにもかかわらず，犬と猫に共通するかかわり方を調べる6つの項目では犬と猫の飼い主の愛着得点に違いは見られなかった★36。

最近では，ペットから得られる快適さに着目した愛着尺度が開発されている。87人の猫の飼い主と58人の犬の飼い主が「コンパニオン・アニマル快適性尺度(Comfort from Companion Animals Scale：CCAS)」に回答し，次のような結果が得られた。すなわち，この尺度に犬に関係する2つの項目が含まれていた場合には，犬の飼い主は有意に高い愛着得点を示した。しかし，関係性の情緒的性質にかかわる11項目だけの場合には，犬と猫の飼い主に違いは見られなかった。一般的に，犬は散歩したり野外で遊んだりして，猫や他のペットよりも人間と多種多様な関係をもつが，猫もまた同様に無条件の愛情，情感，コンパニオンシップ（親交）を生み出している★37。

　猫の飼い主も犬の飼い主と同じぐらい猫を家族の一員と見なし，話しかけたり，食べ物を分け与えたりしていたし，猫も飼い主の感情を読み取れると確信していると報告されていた★38。オーストラリアの人がペットに猫を選ぶ基準はおもに猫の容姿と性格であった★39。イギリスの研究では，猫の飼い主は犬の飼い主ほど散歩をしないし，健康増進も犬の飼い主のようには持続しないということがわかった★40。

　猫に対する愛着のさまざまな側面を研究するために，100人の猫を飼っているアメリカ人を対象に実施された調査では，ほとんどの回答者が猫を他のどのペットよりも好むおもな理由として，世話が簡単で，感情表現が豊かで，コンパニオンシップがあり，性格がよいことをあげていた★41。猫をペットとして飼うことの利点を調べた研究によると，主として取り上げられるのは豊かな感情表現と無条件の愛情であった。また，その研究では，猫はコンパニオンシップと必要とされているという重要な欲求を満たし，時には，人間どうしのコンパニオンシップをも上回ると報告されていた。

　ペットは私たちが家に帰ってきた時に歓迎してくれたり，近くに寄り添ったり，ひざの上に座ったり，一緒に寝たり，仲間を探したりと，豊かな感情をさまざまな方法で示してくれる★42。猫は独立心旺盛で，よそよそしく，犬ほど情感もなく，かかわろうとしないけれども，大部分の猫の飼い主はこのようなかかわり方を猫が好きな理由として報告していた★43。

　コンパニオン・アニマルの重要な特徴は，ペットが飼い主以外の人間とかかわっても変化しないということである★44。さまざまな対人的葛藤を伴う人間

どうしの関係と違って，ペットとの関係はペットの側からの判断や批判がほとんどない。ペットの飼い主に対する感情は，飼い主の社会経済的地位，容姿，日々の感情の起伏や気分のむらとは無関係である。この研究による，猫の飼い主は自分の猫が無条件の愛情，忠誠心，献身的態度，全面的な受容を示すと見ている。

愛着にまつわる問題

　愛着の状態は状況によって大きく異なる場合がある。ペットと飼い主が共通の関心や欲求をもっている場合，人間と動物の充実した関係は一緒に暮らすことで双方に利益をもたらすものとなる。共通した関心があるということは，すぐそばで生活することに耐えられるだけでなく，お互いの帰属意識を高め，お互いに享受できる純粋な心理・社会的効果もあるということを意味する。ペットは飼い主とのつきあいを楽しんでおり，ただ単に食料にありつけるから一緒にいるのではない。もちろん，人もペットとのかかわりを楽しみ，ペットと人は同じ種であるかのようによく一緒に行動する。既に別のところで示したことだが，人がペットに話しかける時，人に話をするのと同じようにする。

　しかし他の親密な関係と同じように，ことは必ずしもうまく進まない。種の違いが突如として表面化するのはこういった時である。この時点で関係は複雑化し，一方もしくは双方の問題となる。ペットは飼い主が問題視するような行動をとるかもしれない。しかし，ペットの行動はペットにとって好ましくないことをする飼い主への反応であることが時どきある。たとえば，そのような行動は長時間ペットを狭い密室に閉じ込めたり，違うペットを飼ったりすることであったり，ペットフードに対するペットの好き嫌いに気づかないことだったりなど，いろいろとある。人もペットもどちらも異常な行動をしているわけではないが，種の違う動物を自分の種と同じように扱おうとすると，摩擦が生じたりする。

　猫や犬のようなペットは普通，何もできない幼い時期から飼い主に育てられるため，多くの場合，小さい時に限らず，大人になってからも生きていくために飼い主に頼らなければならない。犬は特に愛おしいと思わせる行動をする。

それは飼い主が帰ってきた時に嬉しさを表現したり，飼い主にふれあいを求めたり，飼い主にふれたり，飼い主の近くに寄ったり，おどけた動作をして飼い主を楽しませたり，忠実な態度を示したり，悪いことをした時にばつが悪そうにふるまったり，飼い主が出かける時に悲しそうにしたりするものである。ペットは人と同じように幸福の感情，すなわち愛されているという感情をもっている。

　ペットは人間どうしで見られる好意的反応と似たあいさつ行動をする。人はペットと話す時，友人や子どもに話すように話をすることがよくある。飼い主は小さな子どもにするのと同じようにペットに返答を求めない質問をすることがある。そしてペットをなでたり，抱きしめたり，手で持ち上げたりする。

　ペット，特に犬（時には猫，そして馬も）は飼い主を見て嬉しいと感じているような態度を示す。歓迎は人に温かい気持ちを与え，そしてそのような感情は強い愛着となる。ペットのあいさつは人間どうしのあいさつと同じではないが，内容や反応は似ている。ほとんどのペットは愛着をよびおこす多くの形質をもっている。人を引きつけない形質は淘汰され，愛おしいと思われる形質が純粋に選択されてきたのである。

絆が強くなりすぎることがあるのか？

　人はペットに対してあまりにも強く愛着を感じてしまうことがある。親子の絆と同じように，基本的欲求を満たす初期の愛着は，その後子どもが大きくなるのにしたがって，自立をうながすものになっていかなければならない。しかし大人になっても世話をしたりされたりすることが必要であり続けるのなら，他の人との関係は複雑になりむずかしくなる。子どもが成長した後であっても，病的なまでに自分の子どもに固着してしまう親は，長期的に見れば，自分自身にとっても，子どもにとってもよくないものである★[45]。

　愛着が健全でないところまで行き過ぎてしまうと，2通りの現れ方になる。

1つ目の現れ方は「不安愛着」とよばれるもので，それは愛する人から離れてしまうのではないかという持続的な不安感から生ずる。この極端な情緒的反応の結果がもたらすものは，親と子が必要以上に頼ってしまう執着関係である。2つ目の病的な愛着の形は強迫的なケアである。もう一度くり返すが，そこには非合理的な分離による恐怖感が存在しており，それはしばしば受け手にとっては受け入れたくない強迫的なケアという形になる。生得的には他人のケアをしようとすることは悪いことではないが，それが強迫的な行動になってしまって，絆が最終的に断ち切られると，さまざまな精神医学的な不適応反応が出てくる★46。

　これと似たような愛着行動は飼い主とペットの間にも見られる場合がある。そのような場合には，これまでの人間関係に対する基本的な不信感が病的に極端な愛着の一因になることがある。飼い主とペットの間で培われた感情的な絆は深いだけに，それが危機に直面し，実際に壊れてしまった場合，複雑な精神医学的反応が飼い主に見られることがある★47。

　ある精神科医は40歳の女性がペットの犬の死後，慢性的で強度の悲嘆反応を示したことを報告している。彼女は容貌に影響が出るほどの眼球突出性甲状腺腫を患っており，自分の容姿に対する不安から外出せずにいたが，その期間中にペットに対して強い愛着を築き上げていった。彼女は夫と10代の息子の支えや元気づけにもかかわらず，自信喪失と拒否されることへの恐れをもち続けた。彼女にとって唯一意味のある関係は家にいる犬との関係だった。彼女はペットの世話をすることに取り付かれて，常に自分の目の届くところにペットを置いていた。心理的な治療をしている時，別のことがわかった。その女性は長い間，病気の母親の介護をしてきた。しかし彼女自身が病気にかかった時，彼女の母親は病人が近くにいることに嫌悪感を示し，彼女の介護を拒否した。この拒否が彼女のペットへの愛着を形成するうえで重要な役割を演じていた。つまり彼女のペットへの強迫的な世話は彼女が母親から拒否されたことへの補償であった★48。

問題のあるペット

　ペットの問題でよくあるのはペットと飼い主の愛着や関係のあり方に根ざしたものである。飼い主の苦情の中で最も多いのは主導権の主張に関係する攻撃行動，ペットが独りで残された時の破壊行為，不適切な場における排尿・排便である。犬は飼い主よりも優位な地位にあると考えることがよくあり，この状況が維持される限り，犬は攻撃行動を示す。飼い主からあまり離れたことがない犬は一匹で取り残されると，家の物を壊したり，吠えたり，排泄したりするようになる。猫は，周りの環境が変化したり，人が示す友好的でない態度に気づいたり，家に他の動物が迎え入れられた時などには，不適切な場所で排尿や排便をする。

　人間とコンパニオン・アニマルの関係の強さは，人がペットから離される時の反応や，ペットの幸福な生活を持続させるために取られる手段に反映される。人間どうしの対立（ペットが好きでない友人がいること）や飼い主自身や子どもに対する身体的な危害の可能性から，ペットとの関係を維持するのにお金がかかることがある。人がペットに強い愛着を感じることは認めたとしても，しかしなぜ，飼い主自身や子どもに身体的な危害がもたらされてまでも愛着は存在するのか。たしかに，ペット飼育には直接的な利益もあるが，家庭内で他の人に脅威や危害を与えたりするペットを飼う必要は何もない。

　ペットに強い愛着を感じて，分離のジレンマに直面している多くの飼い主は，平然と，「私はこの動物のことを子どものように感じている」と言う。愛着のメカニズムは親の責任と子どもからの依存を確保するためにうまくはたらく。ペットに愛着を感じやすい女性は，子どもにも愛着を感じやすいと考えられる。

　他にも，危険な動物を飼うことには，そのコストと責務を上回る直接的な利益などがあるのだろう★49。そのようなペットを飼うことの直接的な利益とは防犯，安心感，健康，幸福，長寿である★50。もしこのような利益が結果的に飼い主の性癖を満足させるのであれば，多少のリスクには目をつむってもよい。しかしながら，それらの危険な動物を飼うことによって得られる満足（利益）は，危険性や責務（コスト）を，可能性として上回っていなければならない。

進化論的にいえば，推定される利益が推定される損失よりも大きいから，危険を冒す価値があるということである。問題のあるペットの場合，飼い主はペットを飼うことの利益が本当に危険で迷惑になる動物を飼うことのコストを超えるか吟味しなければならない。

ペットの問題行動はたいていうまく対処できる。しかし問題行動をなくそうとするよりも，その出現を予防するほうが簡単である★[3]。もしペットが孤独な人の仲間として，あるいはある人の治療手段として使われたりしている時には，問題行動をしないようにいくつかの防止策をもち合わせておくことが特に大切になる。なぜならこのようなことはよくある問題だからである。先のような境遇にある人は一般の人よりも好ましくない行動をする動物にしてしまう可能性が高い。また同時に，そのよう人たちは動物に強い愛着を感じ，問題行動を直すことがその動物を傷つけてしまうのではないかと心配して，問題行動に長い間耐えてしまうということもある。そのような人は，なんらかの障害のために，問題が出現した時にそれにうまく対処することができないかもしれない。

本章では，飼い主とペットが築く絆について検証した。ある人にとって，ペットは人生における重要な存在である。ペットは友人や相談相手であり，親愛の源泉であり，世話を必要とする対象である。いくつかの場面において，ペットへの愛着があまりにも強くなりすぎると，動物も飼い主もどちらも長い間，離れていることができなくなる。別れに伴う不安は飼い主の心理的な問題やペットの問題行動を引き起こすことがある。そういった状況下では，それをコントロールしようとする試みが続く。ペットは特に，飼い主を巧みにあやつるような行動パターンをつくり出す。次章では，人間とペットの絆の中心的な一面として，支配の問題について考える。

🐾 引用文献 🐾

〈★マークの文献は邦訳あり，巻末リスト参照〉

1 Voith, V.L. Attachment of people to companion animals. *Veterinary Clinics of North America. Small Animal Practice*, 12, 655–663, 1985.

★2 Ainsworth, M. and Bell, S. Mother–infant interaction and the development of competence. In K. Connolly and J. Bruner (Eds) *The Growth of Competence*. San Diego, Academic Press, pp. 97–118, 1974.

3 Voith, V.L., 1985, op.cit.

★4 Bowlby, J. *Attachment and Loss*, Vol.1.: *Attachment*. London: Hogarth Press, 1969.

5 Suomi, S.J., Harlow, H.F. and Domek, C.J. Effect of repetitive infant–infant separation of young monkeys. *Journal of Abnormal Psychology*, 76, 161–172, 1970.
6 Voith, V.L., 1985, op.cit.
7 Cameron, P. and Mattson, M. Psychological correlates of pet ownership. *Psychological Reports*, 30, 286, 1972.
8 Mugford, R.A. The social significance of pet ownership. In S.A. Corson (Ed.) Ethology and Non-verbal Communication in Mental Health. Elmsford, NY: Pergamon, 1980.
9 Cain, A.O. A study of pets in the family system. In A.H. Katcher and A.M. Beck (Eds) *New Perspectives on Our Lives with Companion Animals*. Philadelphia: University of Pensylvania Press, 1983.
10 Beck, A.M. and Katcher, A.H. A new look at pet-facilitated therapy. *Journal of the American Veterinary Medical Association*, 184(4), 414–421, 1984.
11 Zasloff, R.L. and Kidd, A.H. Attachment to feline companions. *Psychological Reports*, 74, 747–752, 1992(a).
12 Mugford, R.A. and M'Comisky, J. Some recent work on the psychotherapeutic value of cage birds with old people. In R.S. Anderson (Ed.) *Pet Animals and Society*. London: Bailliere Tindall, pp. 54–65, 1974.
13 Endenberg, N. The attachment of people to companion animals. *Anthrozoos*, 8(2), 83–89, 1995.
14 Zasloff, R.L. Measuring attachment to companion animals: A dog is not a cat is not a bird. *Applied Animal Behaviour Science*, 47(1–2), 43–48, 1996.
15 Doogan, S. and Thomas, G.V. Origins of fear of dogs in adults and children: The role of conditioning processes and prior familiarity with dogs. *Behaviour Research and Therapy*, 30(4), 389–394, 1992.
16 Albert, A. and Bulcroft, K. Pets and urban life. *Anthrozoos*, 1(1), 9–25, 1987.
17 Zasloff, A.L. and Kidd, A.H., 1992a, op.cit.
18 Bergler, R. and Loewy, D. Singles and their cats. Paper presented at the 6th International Conference on Human–Animal Interactions, Animals & Us, Montreal, 1992.
19 Archer, J. and Winchester, J. Bereavement following death of a pet. *British Journal of Psychology*, 85, 259–271, 1994. Carmack, J. The effects on family members and functioning after death of a pet. *Marriage and Family Reviews*, 8, 149–161, 1985.
20 Gerwolls, M.K. and Labott, S.M. Adjustment to the death of companion animal. *Anthrozoos*, 7, 172–187, 1994.
21 Laungani, P. Patterns of bereavement in Indian and English society. Paper presented at the Fourth International Conference on Grief and Bereavement in Contemporary Society, Stockholm, Sweden, 12–16 June, 1994.
22 Stallones, L., Johnson, T.P., Garrity, T.F. and Marx, M.B. Quality of attachment to companion animals among US adults 21 to 64 years of age. *Anthrozoos*, 3, 171–176, 1990.
23 Katcher, A.H. Interactions between people and their pets: Form and function. In B. Fogle (Ed.) *Interrelations Between People and Their Pets*. Springfield, IL: Charles C. Thomas, 1981.
24 Katcher, A. H., Friedmann, E., Goodman, M. and Goodman, I. Men, women and dogs. *Californian Veterinarian*, 2, 14–16, 1983.

25 Hirsch-Pasek, K and Treiman, R. Doggerel: Motherese in a new context. *Journal of Child Language*, 9, 229–237, 1982.
26 Serpell, J.A. Evidence for an association between pet behaviour and owner attachment levels. *Applied Animal Behaviour Science*, 47, 49–60, 1996.
27 Serpell, J.A. 1996, op.cit.
28 Veevers, J.E. The social meaning of pet: Alternative roles for companion animals. In B. Sussman (Ed.) *Pets and the Family*. New York: Haworth Press, pp. 11–29, 1985.
29 Cain, A.O. A study of pets in the family system. In A.H. Katcher and A. M Beck (Eds) *New Perspectives on Our Lives with Companion Animals*. Philadelphia: University of Pensylvania Press, pp. 72–81, 1983.
30 Albert, A. and Bulcroft, K. 1987, op.cit.
31 Barker, S.B. and Barker, R.T. The human–canine bond; Closer than family tier. *Journal of Mental Health Counselling*, 10(1), 46–56, 1988.
* 32 Smith, S.L. Interactions between pet dogs and family members: An ethological study. In A.H. Katcher and A.M. Beck (Eds) *New Perspectives on Our Lives with Companion Animals*. Philadelphia: University of Pennsylvania Press, pp. 29–36, 1983.
33 Templer, D.F., Salter, D., Dickey, S. Baldwin, L. and Velebar, D. The construction of a pet attitude scale. *Psychological Record*, 31, 343–348, 1981. Katcher, A.H. et al., 1983, op.cit. Holcomb, R., Williams, R.C and Richards, P.S. The elements of attachment: Relationship maintenance and intimacy. *Journal of the Delta Society*, 2, 28–34, 1985. Poresky, R.H., Hendrix, C., Mosier, J.E., and Samuelson, M.L. The companion animal bonding scale: Internal reliability and construct validity. *Psychological Reports*, 60, 743–746, 1987.
34 Holcomb, R. et al., 1985, op.cit.
35 Voith, V.L., 1985, op.cit.
36 Stallones, L., Marx, M.B., Barrity, T.F. and Johnson, T.P. Attachment to companion animals among older pet owners. *Anthrozoos*, 2, 118–124, 1988.
37 Zasloff, R.L. and Kidd, A.H. Loneliness and pet ownership among single women. *Psychological Reports*, 75, 747–752, 1994b.
38 Voith, V.L., 1985, op.cit.
39 Podberscek, A.L. and Blackshaw, J.K. Reasons for liking and choosing a cat as a pet. *Australian Veterinary Journal*, 65, 332–333, 1988.
40 Serpell, J.A. Beneficial effects of pet ownership on some aspects of human health and behaviour. *Journal of the Royal Society of Medicine*, 84, 717–720, 1991.
41 Zasloff, R.L. and Kidd, A. H. 1994b, op.cit.
42 Horn, J.C. and Meer, J. The pleasure of their company. *Psychology Today*, August, 52–57, 1984. Serpell, J.A. *In the Company of Animals*. New York: Blackwells, 1986.
43 Zasloff, R.L. and Kidd, A.H. 1994b, op.cit.
44 Beck, A.M. and Katcher, A.H. A new look at pet-facilitated therapy. *Journal of the American Veterinary Medical Association*, 184(4), 414–421, 1983
* 45 Bowlby, J., 1969, op.cit. Bowlby, J. *Attachment and Loss*, Vol.2.: *Separation Anxiety and Anger*. London: Hogarth Press.
46 Bowlby, J. The making and breaking of affectional bonds. *British Journal of*

Psychiatry, 130, 270, 1977.
47 Rynearson, E.K. Humans and pets and attachment. *British Journal of Psychiatry*, 133, 550–555, 1978.
48 Rynearson, E.K., 1978, op.cit.
49 Smith, S.L.,1979, op.cit.
50 Mugford, R.A. and M'Comisky, J., 1974, op.cit. Friedmann, E., Katcher, A.H., Lynch, J.J., and Thomas, S.A. Animal companions and one-year survival of patients after discharge from a coronary care unit. *Public Health Reports*, 95, 307–312, 1980.
51 Tuber, D.S., Hothersall, D., and Voith, V.L. Animal clinical psychology: A modest proposal. *Annals of Psychology*, 22, 762–766, 1974. Voith, V.L., 1975, op.cit.

第 4 章
ペットと飼い主，どちらが支配者か？

　ペットを飼うことには責任が伴う。ペットとの関係から最大の利益を得るためには，ペットが犬や猫や鳥，あるいはもっと珍しい動物であっても，飼い主がペットが必要としていることを理解することは不可欠である。ペットの世話は飼い主の責任ではあるが，飼い主が寛容になりすぎたり，動物がしたいことはどんなことでも許したりといったことがあってはならない。同時に，飼い主は厳しすぎてもいけない。他の動物よりも精神的に頑強な動物もいる。しかし，しつけが厳しすぎると，神経質な動物はノイローゼになってしまうかもしれない。

　ペットが人間のライフスタイルを規定したり，制限したりし得ることを認識することが重要である。たとえば犬を飼うことは，毎日ペットが必要とする運動ができるような時間をつくっておかなければならないことを意味している。農村部にはペットが駆け回れる開放された空間が多いので，都市部よりもペットには相応しい。犬とともに暮らすことを選んだ都市生活者は，おそらく庭のある家か公園に近い家に住むのがよいだろう。

　ペットの飼い主はまた，ペットを飼ったことによって生じる結果を受け入れる覚悟がなければならない。家の中は犬や猫の毛で覆われてしまうかもしれないし，鳥籠や水槽は定期的に掃除しなければならない。犬や猫は窓の外を眺めるのが好きなので，窓は鼻の跡染みで汚れてしまうだろう。ペットが幼く，きちんとしつけができていないうちは，ありがたくない場所で粗相をしてしまう

4 ペットと飼い主，どちらが支配者か？

かもしれない。仔犬は柔らかい家具を噛むのが好きだし，仔猫はカーテンやシートカバーを引っかく可能性が高い。神経質な猫だと，家の中で自分の縄張りの印をつけるために垂直の物体におしっこを吹きかけるかもしれない。また，長時間独りぼっちで家に閉じ込められた犬は，人間の注意を引くために必死であらゆるイタズラをするだろう。

ペットの扱い方はおそらく家庭でのペットの地位をどう認識するかによって影響されるだろう。ほとんどの場合，ペットは家庭の大切な構成員である[1]。さらに，ペットはしばしば家族の一員とすら見なされている。こうした認識は，犬と猫の飼い主にほぼ普遍的に見いだされている[2]。もしペットが他の家族のメンバーよりも低い地位にいると思われていたら，それは実際のペットの扱われ方に反映されているかもしれない。同様に，ペットの地位が家族のメンバーの地位と同じであっても，扱いは家の主や家長が用いるしつけのスタイルに決定的に左右されるだろう。つまりこのことは，たとえば家庭の親たちが厳格・独裁主義的でしつけに厳しい人であるか，より寛大で民主的な行動的支配のスタイルを採用している人かによって，ペットの生活環境が大きく左右されるということである。

ペットは保護されなければならない。服従訓練はある程度はペットを成熟させるのに役立つだろうが，限界がある。中には，犬であれ猫であれその他の種であれ，ペットに可能な限り自然な生活をさせ，自由に子どもを産ませ，好きなように歩き回らせ，狩りをさせるべきだと信じる人たちもいる。しかし，この「理想」は，ペットや飼い主のためにも，そして社会のためにもならないだろう。

有名な犬の訓練士であるウッドハウス（Woodhouse, B.）はかつて「悪い犬はいない。悪い飼い主がいるだけだ」と述べたが，それは「自由放任で甘やかしすぎる飼い主のペットは，手に負えない行儀の悪いペットである」という広く認められているステレオタイプを支持するものである[3]。そのような見解は，犬を飼育するコミュニティにもある程度戦略的に支持された。なぜなら，ある種の犬に生得的に見られる行動上の問題から注意をそらすことができたからである[4]。今日では，どのペットも，みずからの安全を守るため，またその他のさまざまな社会的あるいは生態学的な理由により，自由に歩き回ること

は認められるべきではない。そのように制限されたライフスタイルにいかにうまく適応できるかは、ペットの種類、飼い主のライフスタイル、動物やペットの世話に対する飼い主の態度、動物に与えられた物理的環境などのさまざまな要因によるのである。動物の適応性を高めるための品種改良は一つの解決法ではあるが、倫理的な疑問が漂う。

　犬の問題行動が飼い主の行動、態度、あるいはパーソナリティの諸相に関係があるとするその根拠には、逸話的で決定的でないものが多い。訓練士や動物行動のカウンセラー（あるいはセラピスト）は、しばしばペットの思いどおりにさせておくような、つまりペットを甘やかしたり、ペットを人間のように扱ったりする飼い主に育てられると、そうではない場合と比べてペットに問題行動が起こる可能性が高いと考えている。犬と飼い主の関係において、ある特定の犬と飼い主との関係——たとえば、犬とゲームをしてわざと犬を勝たせてみたり、飼い主の食事の前に犬に餌を与えたり、寝室あるいはベッドの上で寝かせたりといったようなタイプの相互作用——は、犬と飼い主のどちらが優位かという問題をまねく可能性を高めるともいわれている[★5]。たとえばある研究では、犬の支配的攻撃行動の発生は、犬が寝室で寝るのを許したり、犬におやつや特別に用意した食べ物を与えたりする傾向で測定された飼い主の情緒的愛着の強さとの間に統計的に関連がみられた[★6]。だが一方、アメリカのペットの飼い主を対象にした大規模調査では、犬を擬人化したり「甘やかし」たりすることと問題行動の発生率との間に有意な関連は見られなかった[★7]。

　しかしながら、ペットの扱い方だけではなく、何を問題行動ととらえるかについても犬の飼い主によって異なる可能性がある。自分の犬を甘やかす飼い主は、あまり寛大でない飼い主であれば眉をひそめるような行動を犬がしたとしても、それをとがめない可能性も高いだろう。ペットの行動を管理するために暴力的な手段を用いるほど厳しくては、動物と飼い主の間によい関係が築けそうにない。とはいえ、過度に無規律な管理の仕方でもよいはずがない。もし飼い主が自由放任主義的なしつけをして、ペットがそれを飼い主側の弱さだと解釈したら、あらゆる状況でペットが優位に立ってしまうだろう。かわいそうな飼い主は、家でもどこでもペットをコントロールできないようになってしまうだろう。服従訓練によって、ペットは飼い主に対する敬意を養い、絶えず怒鳴

られなくても行儀よくできるようになる。ペットを家族の一員として扱うのは誠に結構なことであるが，他の家族のメンバーと同様に，ペットは家庭のルールに従うことを学ばなければならない。

犬についての飼い主の知識不足や経験不足もまた，問題行動の原因論においては有力な要因だと一般的に考えられている[8]。とはいえ，ある調査では，そうした問題行動と犬の飼育経験量との間に統計的に有意な関連は見られなかった[9]。問題行動を抑えるための手段としての正式な服従訓練の価値にも，疑問が投げかけられている。しかし，正式な服従訓練を受けた犬には問題行動が減ることを示す科学的証拠がいくつも提出されているのである[10]。

犬の問題行動はたいてい飼い主になんらかの原因がある，と広く考えられている。にもかかわらず，実はその科学的証拠は乏しく，決定的なものはない。犬と飼い主の関係の質と問題行動の発生との間にはまったく関連が見られないという研究もあれば，問題行動は飼い主のパーソナリティや態度や行動の特定の側面と関連していることを示唆する研究もある。

737匹の犬を対象に，さまざまな問題行動の発生と，飼い主の行動や飼い主と犬の相互作用の諸側面との関係を検討した後ろ向き調査（訳注：過去のある時点における要因の有無や状況を，調査対象者の記憶や記録などから把握する調査法）がある。その結果，服従訓練を受けていると，競争的攻撃行動，分離に関する問題，逃亡や徘徊が少ないことが明らかになった。さらに，犬の食事のタイミングと縄張りにかかわる攻撃行動との間に関連があり，飼い主の側で寝ている犬では競争的攻撃行動および分離に関する問題が多く，飼い主が初めて犬を飼った人である場合に優位性に関する攻撃行動，分離に関する問題，大きな音への恐怖，興奮の現れが多い，との結果が得られた。また，犬を飼った第一の理由と，優位性攻撃・競争的攻撃・縄張り性攻撃の発生との間にも関連があった。さらに，初めて犬を飼った飼い主の犬に，より頻繁に問題行動が見られた[11]。

以上のような結果には，いくつかの理由が考えられるだろう。初めて犬を飼った人は，犬を効果的に扱ったりコミュニケーションを図ったりする経験が不足しているのかもしれない。また，犬の行動パターンや犬が発する合図（シグナル）に対して不適切な反応をしているために，気づかないうちに問題行動を起こさせているのかもしれない[12]。初めて犬を飼う人に見られるもう一つの

問題は，犬を選ぶ経験が不足していることである。犬がどのような行動パターンを示すかは，遺伝的要因によって強い影響を受けている★13。経験の浅い飼い主は，品種によって行動が違うことに気づかず，起こり得る遺伝的な問題にあまり注意を払わないのかもしれない。

　所有物を守るために示す所有性攻撃行動（possessive aggression），飼い主から分離されることに伴い生じる排泄（separation-related defecation and urination），逃亡，徘徊に関しては，服従訓練を受けた犬の飼い主からはこれらの問題行動がほとんど報告されなかった。このことは，服従訓練をすることを選択した飼い主は単にペットの行動を問題があると見なす傾向が少ないことを意味しているのかもしれないし，服従訓練は本当にそうした問題を改善するのに役立っていることを意味しているのかもしれない。

　服従訓練を受けた犬は攻撃行動が減少するという報告や★14，訓練によって分離不安を減少させることができるという報告がある★15。両ケースとも，それは犬と飼い主の関係が質的に変化したために生じたものと考えられている。非公式の訓練と比べて，正式な服従訓練を受けた犬には，異常に高い率で過剰興奮や不服従が発生しているが，その理由は，おそらくこうした問題を抑える手段として正式訓練が利用されているのであると思われる。つまり，正式な訓練は普通，過剰興奮を示す犬にすすめられるものであるし，飼い主は犬がことのほか不服従で過剰興奮だと思うから訓練に連れて行くのである★16。もしこの解釈が正しければ，この研究結果は正式な訓練がこれら特定の問題に対して実は効果的な対処ではないのかもしれないということを示唆している。

　一般的に，野犬の集団における社会的優位性は，食料や寝床といった重要な資源への優先権と関係がある★17。この事実をもとに一部の行動カウンセラーたちは，飼い主の食事と犬の食事のタイミング，競争ゲームで犬を「勝たせる」傾向，就寝時の飼い主との距離といったことが，すべて飼い主に向けられる優位性攻撃行動の発生の原因になっている，と提言している★18。サーペル（Serpell, J. A.）の研究では，飼い主の食事の前に犬に餌をやることが優位性攻撃行動の発生の原因である証拠は得られなかった。しかし一方，常に飼い主の後に餌を与えられる犬には縄張り性攻撃行動が有意に多いことが見出された。一般的な喚起が高くなることがこの行動をもたらすとの説明も可能かもしれな

いが，もしかしたら，犬に食事を待たせることが食料資源の価値の認識を高めさせ，ひいては侵略者となり得る相手（つまり飼い主）からその資源を守ろうとする傾向を高めることになるのかもしれない★19。

寝る場所については，飼い主の近くで寝ることを許された犬は，飼い主に対して不安定な愛着を発達させ，分離に拒否反応を示すことになるだろうとの指摘がある。逆に，夜間の分離から生じる問題を避けるために，過剰な愛着をいだく犬と一緒に寝ざるを得ないというのも同様にもっともらしい議論のように思われる。

家庭環境の変化に対して否定的な反応を示すペットもいる。家人が仕事や学校に行っている間，誰もいない家に残されることにうまく適応できる犬はほとんどいない。そうした動物は家の破壊者となり，過度に吠え，無作法にふるまうことになるだろう。

ペットを支配すること

ペットに対する支配の仕方を身につけていく中でも，初期の対処経験が重要である。初期の重要な時期に適切な世話と注意を注ぐことによって，よりストレスに強い動物に育てることができるだろう。たしかに，この見解は犬や猫や齧歯類にあてはまる。初期の社会化の体験で，後の行動を形成することができるのである。たとえば，生まれて数週間の間に他の犬と接触がなかった仔犬は，後に人間との接触を著しく好むようになる。

クラーク（Clark, G.）とボイヤー（Boyer, W.）は，犬の服従訓練と行動カウンセリングが人間と犬の関係に与える影響を検討した★20。30人の成人が自分が飼う犬の問題行動について答えた後で，3つのグループにランダムにふり分けられた。1つ目が服従訓練と行動カウンセリングを受ける服従訓練グループである。2つ目が1日に20分間犬と相互作用するように指導された時間指導グループである。3つ目が何の指導も受けない指導なしグループである。

3つのグループにふり分けられた後，服従グループは8週間の服従訓練と犬の行動カウンセリングの授業を受けた。カウンセリングの授業では，参加者は全員，再度自分の犬の行動について答えた。さらに参加者は，訓練，遊び，運

動，あるいはその他の活動で犬と過ごした時間を毎日記録するよう求められた。さらに，それぞれの犬の服従行動，距離，接触行動，分離不安の事前─事後検査の尺度として，ビデオカメラを用いた記録が行われた。

3 m×6 m四方の部屋に入れられた時の飼い主と犬の状態が，5回にわたって観察され，犬が飼い主の側にいる程度が測定された。また，犬と飼い主の接触行動も測定された。分離不安は，飼い主が部屋を離れた時の犬の行動，たとえばドアを叩いたり引っかいたり，吠えたりといった行動で測定された。

服従の授業は週1回行われ，授業はすべて90分間であった。訓練は大きな部屋で実施された。犬の正しい反応に対しては食べ物をやったり褒めたりすることによる強化が用いられた。犬たちは「おすわり」や「伏せ」，「待て」や「来い」の練習を行った。授業以外でも，服従訓練グループの飼い主は1日15分から20分間犬とこうした練習をするよう指導された。時間指導グループは1日20分間犬と相互作用するよう指導された。

実験の結果，服従訓練グループの犬が最も服従行動が向上し，人間と犬の関係も最も改善が見られた。また，服従訓練グループでは指導なしグループよりも分離不安が低かった。予想に反して，時間指導グループでも服従行動の改善および関係の向上が示された。また，時間指導グループでは指導なしグループよりも分離不安が低かった。指導なしグループは分離不安が最も高く，服従行動にも犬と飼い主の関係にも変化は見られなかった。

服従訓練グループの犬は，他の2つのグループの犬よりも服従行動に有意な改善がみられた。服従訓練グループの参加者はペットの問題行動をほとんど報告しなかった。

ペットを人間のように扱うこと

ペットと飼い主の間にはさまざまな関係があり得る。ペットはたいてい飼い主の特別な要求に応え，その逆もまた然りである。犬にとって共通の問題は，飼い主が日中仕事に出かけて犬を独りぼっちにしてしまうことである。そのような社会的剥奪は，月日を経るにつれて，あらゆる心理的・行動的問題を引き起こす可能性がある。

4 ペットと飼い主，どちらが支配者か？

　コンパニオンシップ（親交），安全，防衛，社会的地位などへの欲求を満たすためにペットを飼うことは，ペットが身体的あるいは心理的に苦しまないという条件において，倫理的に容認できる。ペットに適切な食事を与えられないこと，過度に依存的になったりしつけが悪く不安定になったりするほどペットに好き放題させること，他者や子どもに危害を及ぼす可能性があること，これらはあらゆる問題を引き起こし，概して不幸せな動物と飼い主を生み出してしまうことになるだろう。

　人々は，ペットに対して幻想や非現実的な期待をいだいている。というのも，動物の基本的な欲求や生まれつきの行動傾向についてほとんど知識がなく，気にもしないためである。犬は吠えたり歩き回ったりするのが好きなのである。長時間１匹で家に残されるのは嫌いなのだ。猫は家具を引っかくのが好きだし，時には家の特定の場所にスプレーするのも好きなのである。人間の期待は，飼い主の必要や要求に関係なくペット自身を正しく理解する妨げになり得る。

　ペットに必要のない装飾品を買い，まるで小さい人間のようにペットを扱う飼い主もいる★21。行きすぎない限りは，それもまったく容認できる。そのように扱われた動物はたいていよく育つだろう。それより心配なのは，人々がペットに対して愛着を強くもちすぎ，精神的な達成感や満足感をペットに頼っている場合である。ペットに対して病的に過剰な愛着が生じてしまうケースもあるかもしれない。そのような飼い主はペットを過度に甘やかし，支配し，息を詰まらせてしまうのである。あるいはペットに支配されている自分に気づく人もいるかもしれない。そうしたペットは飼い主の関心を独占することに慣れ，常にそうであることを要求するのである。

　一部の飼い主たちに見られる，ペットを人間のように扱う傾向は，彼らがペットによく話しかけるということに例証される。たとえば女性の飼い主は，犬に話しかける時にしばしば「下手な詩（doggerel）」とよばれる言葉遣いを用いることが観察されている。その言葉遣いは「母親語（motherese：マザーリーズ）」で知られる，母親が子どもに話しかける時に使用する言葉に似ている。下手な詩の構造的特性は母親語のそれと著しい類似があることが見いだされている★22。その他にも，人々が，愛情や嫉妬などの人間がもつ特性をペットももっていると考えていることも見いだされている。猫や犬の飼い主の大多数は，

さまざまな状況下でのペットの行動からそうした感情を推察することができるのである[23]。

ペットを人間のように扱うことがよいことかどうかについては，さまざまな意見があるようである。おそらく，すべてはそうした擬人化という行為がどの程度行われているかによる。ペットの飼い主はしばしば，専門家や犬と接触する機会が多い職業の人たちから，犬を人間のように扱うべきではないと助言される。たとえば，犬をベッドに寝かせたりお菓子を与えたりして甘やかすと，後々問題行動を起こすようになるから絶対にやめなさい，と忠告を受けるのだ。

少なくともある研究者はこうした意見に反対している。彼は，「ペットを多少擬人化することは，それほど悪いことではないはずだ。なぜなら，猫や犬には我々に匹敵する感情や感覚——恐れ，痛み，不安，嫉妬，罪悪感，喜び，憂うつ感，怒り——があるという多くの飼い主の議論を支持する科学的証拠が，現在までに得られているからである（p.38）[24]」と述べている。人間も猫も犬も，どうやら類似した脳中枢がそうした感情状態をつかさどっているようなのである[25]。

人間のように扱われている犬や服従訓練を受けていない犬は，飼い主が報告するような問題行動を起こす可能性が高いのだろうか。このことを検証した研究がある。犬の飼い主を対象にした調査で，ペットの扱い方，正式な服従訓練の経験の有無，問題行動の有無について尋ねた[26]。

調査の結果，問題行動は，正式な訓練の欠如や犬を人間のように扱う傾向とは関連が見られなかった。犬を甘やかしていた飼い主が，特に問題を多く経験していたわけでもなかった。ここでいう「人間のように扱う」行動とは，犬と食べ物を分け合う，犬を旅行や用事に連れて行く，ペットに特別に食べ物や洋服を与える，といったことを含んでいた。

ペットによる支配

ペットを手に入れた時には，一般的に将来のペットとの関係は幸せなものになるだろうという期待がある。これは大多数の飼い主にいえることである。飼い主とペットの間には，双方の利益となる，親密な絆が形成されるだろう。し

かし残念なことに，常にこうした幸せな結果になるとは限らない★27。

　ペットと飼い主の関係不全には，多くの原因があるだろう。ペットの世話には思いのほか厳しい負担がかかる。ペットは予想以上に飼い主の社会参加や仕事の向こうを張るし，ペットの行動が飼い主や家族やご近所に対して何か問題を引き起こすこともあるかもしれない。ロンドンに住む犬の飼い主125人と猫の飼い主5人を対象に行われた研究がある。これらの対象者は獣医師から研究者に紹介されたのだが，中には獣医師がペットに対する飼い主の態度を心配したために紹介された人もいれば，ペットの問題行動ゆえに飼い主が安楽死（euthanasia）あるいは去勢を希望していたために紹介された人もいた★28。そこで明らかにされた問題行動の主要な原因の一つは，ペットがどのくらいよくしつけられていたかと，ペットと飼い主のどちらが支配権を握っていたかがあった。

　ペットが優位にたち，家庭内で支配的な勢力をもつことが時どき起こる。たとえば，この現象は犬に生じることが観察されている。個々の犬の遺伝的素因が飼い主や家族などとの関係性と組み合わさった結果，犬が，家族の誰かあるいは全員に対して支配的な役割をもっていると思い込んでしまうことがある。支配的な犬は，見知らぬ人には完全に非攻撃的であっても，家族を頻繁に脅すかもしれない。そのような犬はさまざまな方法で自己主張する。支配的な犬は，食料，寝床，通行権，関心の対象，お気に入りの人に対して一番の権利を主張するのだ。

　支配的な犬は命令に従うことを拒否する。彼らは命令を脅しだと解釈し，脅しで返してくるのである。飼い主からの命令は，通常犬をまっすぐに見て行われるものだが，しばしば犬がうなり声を上げて飼い主と対決する状況にまで発展する。そうすると飼い主が引き下がることが多く，その結果犬の支配的な地位が確認されてしまう。犬は，邪魔をされるとうなり声を上げて抵抗し，お気に入りの場所へ行きたいと主張し，自分が休んでいる場所（それは飼い主の椅子やベッドかもしれない）から移動させられまいと抵抗する。また，物を手放さず，長時間なでられたり抱きしめられたりすると激しく抵抗することもしょっちゅうであるし，命令に従って横たわることも拒否する。犬にとっては，もし命令に従ったら，自分が従属的な地位にいることを認めることになってしま

うのだ。それゆえ，支配的な犬は抵抗する。飼い主が折れるまで，脅したりうなり声を上げたり嚙んだりして抵抗するのである。

しかし，こうした状況は回避できるものである。ペットと良好かつ思いやりのある関係をもちつつ，ペットに家庭内における飼い主の最高支配権を尊重させるための策を講じることが可能である。後に問題が起こるか否かは，仔犬の時に飼い主がどのように接するかで決まる。飼い主はしばしばペットを人や子どものように扱うが，その結果，厄介な状況や問題行動への正しい対処法に思いが至らなくなってしまうのである。治療目的や孤独を癒すための予防策としてペットを与えられた人々は，一般の人々よりもさらに，犬に対して服従的になってしまう可能性が高い。そうした事態は，飼い主自身が対処するのが最もよい。飼い主は日常的に，自分の優位性を維持できるようなやり方で犬とつきあうべきなのである。

犬の服従訓練に役に立つヒントはたくさんある。飼い主は週に数回の服従課題を実行するとよい。また，犬が言うことを聞かないのに物を与えるのは極力避けるべきである。したがって，犬に餌をやる時にはおすわりをさせ，従ったら褒めてやることである。そうすることで，食べ物は望ましい行動に対する報酬の一部ともなり，飼い主からの愛情を受けることと深く結びつく。もう一つの策は，定期的に犬から物を取り上げ，攻撃的にならなければ犬に物を返す前に褒める，という方法である。時には犬が休んでいる場所から移動させる。特に人間が普段休んでいる場所にいる時がよい。その時，犬が脅しや攻撃的な反応を示すことなく従えば褒めてやる。また，時には犬を押さえつけるのもよい。犬を寝かせたり仰向けにしたり，数秒間低い姿勢にさせたりして，犬を従順かつ弱い立場におく。そうすることで，ペットに対する飼い主の物理的な優位性がさらに強化できる。

飼い主は犬の行動を「読む」ことを学ぶ必要がある。そうすれば，犬がかまってくれと来たがった時，先手を打つことができる。飼い主は犬をかまってやる前に，服従の姿勢であるおすわりや伏せをさせる。これも，ただでは何も与えないという基本方針に沿ったものである。飼い主が犬の思考過程や状況に対する感情的反応，そして個々の犬特有のパーソナリティを理解するようになれば，飼い主と犬の関係はより良好なものになることがわかっている★[29]。

ペットの破壊行動

　犬に関するその他の主要な問題に，家庭内の物品や家自体の破壊，過度に哀れな声を出したり，うなったり吠えたりすること，飼い主の外出中の排便がある。そのような犬の経歴を見てみると，幼犬時に常に飼い主と一緒にいて1匹で置いておかれることがめったになかったのに，一連の環境の変化により長い時間1匹で残されることになった犬であることが多い。

　この問題への対処としては，飼い主がいない時間を少しずつ延ばしながら次第に慣れさせていくことである。犬を飼いはじめた最初の1週間の間に，短時間だけ犬を1匹にさせておくことを始めるとよい。初めは1，2分間で，徐々に時間を延ばして最終的には数時間の間ペットを1匹で放っておく。その間，犬に壊れにくい噛みおもちゃを与えておくのも有効である。さらに，飼い主の帰宅時にドアに向かって吠えはじめたら，飼い主はだまって，犬が吠えるのを止めるまで少なくとも15秒間は家に入らないようにする。犬が望ましくない行動をしている最中に飼い主が家に入ると，犬はその行動と飼い主の帰りとを関連づけてしまい，その行動が強化されてしまうからである。

　結局，犬の問題行動は，もとをたどれば飼い主の動物に対する態度と飼い主が築いてきた動物との関係の質に原因がある。本章で既に言及したようなテクニックを利用した服従訓練によって，過度な注目欲求や攻撃・破壊傾向といった犬の問題行動が減少したとの証拠が得られている。飼い主側に服従訓練を行うことで，ペットの問題行動や分離不安が軽減し，飼い主の命令により迅速に反応するようになる★[30]。飼い主がペットの世話をし，愛情を示すことはたしかに重要であるが，最終的に誰が支配者かということをペットも飼い主も見失ってはならないのである★[31]。

猫にまつわるトラブル

　猫の飼い主も問題を抱えているだろう。最も一般的な猫の問題行動は，不適切な場所でのスプレーや排泄である。そうした猫は猫用のトイレを使わないよ

うになるだけでなく，どの衣類に排泄するか選んでいるようである。こうした行動は，家庭における環境事象に関連していることが多い。

スプレーは，猫が尻尾をまっすぐに立て，ふるえながらおしっこをするというものである。垂直の面に向かって後ろ向きにおしっこを噴出させる。スプレーは縄張りのマーキングとコミュニケーションの一形態なのである。オス猫のほうがスプレーをすることが多いが，メス猫もする。スプレーは複数の猫がいる環境で生じる可能性が高い。また，引っ越した時，新たなペットを飼った時，訪問者が現れた時，新しい家具を置いた時といった，生活環境に劇的な変化があった場合にも生じることが多い。さらに，もし家族の誰かが猫嫌いである場合や，猫が家族の誰かを嫌っている場合にも生じる。

オスかメスかにかかわらず，こうした環境に反応して家のさまざまな場所にしゃがみこんで排泄をする猫がいる。おもしろいのは，猫はしばしば自分が特に好きではない人の持ち物に排泄するということである。

猫の飼い主との関係は，どのくらいのその時間を一緒に過ごすかによるだろう。関係の親密さは，飼い主がどのくらいその猫を好きかに左右される。猫は人間が自分を好きかどうかということに敏感に反応する。猫たちも，人間に対して独自の好みをもつようになる。猫が屋内で生活しているか，ほとんどの時間を屋外で過ごしているか，ということが飼い主との関係に悪影響を与えるというわけではない。しかし，飼い主が家にいる時間の長さは影響するようである。よく家にいる飼い主ほど，猫との親密な絆を形成する傾向があるだろう★32。

動物に対する恐怖心

これまで，ペットが一般に友人あるいは家族の一員として扱われていることを見てきた。大人の飼い主はしばしばペットを子どものように見なしており，子どもは兄弟や姉妹のように見なしている。我々は自分の家のペットを，困っ

た時に慰めやサポートを与えてくれるだけでなく，我々に気を配り，危険から守ってくれる信頼できる忠実なコンパニオン（仲間，伴侶）として見ている。この経験とは対照的に，我々の知らない動物や，近い関係にない動物は恐怖心の源となる。たとえば，子どもが最も怖がる動物は，ヘビ，ライオン，トラなどである★33。子どもが恐れるのは大きな歯や鋭い爪や毒をもつ牙で知られる野生動物だけではない。家庭でペットとして飼われている動物，とりわけ犬も，子どもにとっては恐ろしい動物としてあげられることがよくある。そして，多くの場合，これらの恐怖心は子ども時代をすぎてもなお持続される。犬に恐怖心をいだく大人のほとんどは，子どもの頃から怖かったと報告している★34。

　動物に対する恐怖心は，心理学者や精神分析学者によって数々の説明がなされてきた。フロイト理論によれば，この種の恐怖心はエディプスコンプレックスに関連づけられる。この理論は，母親に対していだくとされる近親相姦願望に対して父親が報復してくることを恐れる息子に適応される。子どもが母乳を与えられる口唇期という発達段階において，息子は母親のおっぱいを食べたい（あるいは噛みつきたい）という願望をもっていることに罪悪感を感じるため，父親に食べられてしまうのではないかと恐れるという。このエディプス三角形（父・母・子の三者からなる閉じられた関係）は子どもの成長とともにゆくゆくは解決される。さもなければ，こうした父親に対する初期の恐怖心から生じる未解決の不安が持続され，後年他の形で——恐らく動物に投影され，動物を危険と見なすようになる——現れる可能性がある★35。エディプス理論は主として男の子の不安の源に焦点をあてている。このような理論が女の子の動物に対する恐怖心の説明にどの程度使えるのかは，明らかではない。

　行動心理学者たちは，子どもの動物への恐怖心に対してさまざまな説明を加えている。そのような恐怖心は，動物（たとえば犬）とトラウマ経験とが結びつくことで誘発されると考えられている。この経験では必ずしも「実際に動物に噛まれた」等の形を取っている必要はない。たとえば大声で吠える，といったことでも，小さい子どもを怖がらせることができる。特にその子が犬と接触した経験がない場合はなおさらである。おそらく吠え声は，これから危険が起こり得ることを知らせる奇妙な音なのだろう★36。

　ユング派の分析家たちは，我々の動物に対する恐怖反応は，非常に危険で生

存をおびやかす肉食動物に対して原始の先祖がいだいていた恐怖心のなごりだと説明している。その時代にはオオカミの群れはきわめて危険なものの象徴であった。現在は家庭のペットとして飼い馴らされたオオカミの子孫が，世代を超えて受け継がれた原始の恐怖心を呼び起こすのかもしれない。そうした恐怖心は現代社会が比較的安全であるにもかかわらず持続されているのである★37。

犬にまつわるいやな経験だけでは，一部の人々が犬を怖がる理由を説明するのに十分ではない。犬を怖がらない人でも，犬を非常に怖がる人と同じくらい，犬との出会いで痛い経験や恐ろしい経験をしているかもしれない★38。したがって，いやな経験と恐怖の関連という単純な条件づけだけでは，犬への恐怖心を完全に説明できないのである。同様に，なぜ犬とのトラウマ的な出来事が長期間にわたる恐怖心を引き起こすかについても，十分な説明ができないだろう。実際，悪い経験をしていなくても犬恐怖症を発症してしまう人たちもいる。

イギリスのバーミンガムの大学生と子どもに対する調査から，犬を怖がる人は，犬に恐怖心をもっていない人に比べて，恐怖心をいだきはじめる前の犬との接触が概して少なかったことが明らかになった。犬を怖がる成人は，犬がそばにいると居心地がよいと感じる人々に比べ，犬に嚙まれること，犬が飛びついてくること，あるいは犬が大声で吠えたり，急に動いたり，軽く嚙んだり，歯をむいてうなったりすることに対して恐れを示す傾向が非常に高かった。犬を怖がる子どもも，犬が急に動いたりうなったりすることに対してより心配していた。また犬を怖がる子どもには，親から「知らない犬には近づかないように」と注意されている子どもが多かった★39。

高い恐怖心をもつ大人はあまりすすんで犬に近づいたりなでたりはしたがらないが，高い恐怖心をもつ子どもはそのような不安を示すことは比較的少なかった。犬とのふれあいの欠如が不安反応と関連があるというデータも得られている。逆に，攻撃的で非友好的な動物とのトラウマ経験をもっていて，犬との楽しいふれあいの体験をもつことは，犬恐怖症の予防になる可能性がある。

さらに，犬との悪い経験が永続的な恐怖心を生み出してしまうのは，特定の敏感な人たちのみであることを示唆するような結果も得られている。犬を恐れ

る人々は,その他のさまざまな事柄や状況に対しても同様に不安を表した。しかし,犬を恐れる子どもが他の動物を恐れるかというと,犬を恐れない子どもと同程度の恐怖心しか示さなかった。さらに,犬を恐れる子どもには,犬を恐れる大人よりも飼い犬の魅力を認識している子が多かった。先述のように,犬恐怖症の大人は一般的に,人なつっこい犬にですら近づくのをいやがっていた。結論として,これらのデータからは,大人の犬への恐怖心は通常子ども時代に始まるが,すべての犬嫌いの子どもが犬嫌いの大人になるわけではないということが示唆されたのである。なぜ成長過程で犬への恐怖心がなくなる子どもとなくならない子どもがいるのかについては,まだ完全に理解されていない。特に何事もなかったか,あるいは犬との有意義な経験をしたかということが一つの説明になるかもしれないが,その場合でも,なぜそのような経験によって一部の子どもからのみ犬への恐怖心が取り除かれるのかは,わからないままである。

ペットはパラサイトか？

　誰が支配者か——ペットか飼い主か——との問のもう一つの側面は,ペットは本当に飼い主に何も重要なお返しをしない,脛をかじって生きているだけのパラサイトなのか,という論争である。厳密なダーウィン学派の観点からは,ペットを飼うことは不適応行動に分類されるだろうという議論がある。1つの種——この場合人間——にとって,他の種——この場合はペット——に不公平な形で特権を与えることは,「適応度を下げること」と見なすことができる★[40]。人間はペットに対して強い愛着を形成してきた。ペットは安らぎ,交友,忠誠,愛情の源となるとの議論がある。ペットは飼い主にとって,身体的・心理的健康を促進するという利点がある。しかし一方で,ペットを飼うことはまたある種のコストももたらす。餌をやらなければならないし,獣医の健診も受けさせなければならないし,時には運動もさせなければならない。飼い主は,幼ない動物に家が傷つけられるのにも我慢しなければならないかもしれないし,ペットとの関係が過度に相互依存的になった場合,要求の多い動物は手のかかる問題行動を生涯にわたって続けるかもしれない。心理学者アーチャー（Archer,

J.)は，ペットが人間を操作していると考える立場を提示した。ペットはまず，その幼少期に赤ちゃんの容貌で人間の感情をとりこにし，その後長年にわたって種々の世話と注目を要求するのである。

　有益なペット所有あるいは有害なペット所有が最終的に飼い主にとってどのような結果になるかは，ペットとの関係の質による。両者の関係が真に共生的な関係であれば，両種にとって相互に利益があるだろう。もし飼い主が得る利益がペットの飼育にかかるコストより大きければ，その関係は相利共生の一種と見なすことができるだろう。もしコストと利益が等しいのであれば，その関係は片利共生である。他方，もしコストが利益よりも大きければ，それはペットによる寄生である。言い換えれば，ペットは自身の利益を得て，飼い主のコストをまねくパラサイトなのである。

　人々がペットから得ている喜びについて指摘する人もいるが★41，そのような感情それ自体は，ダーウィン学派のいうところの利益をもたらさない★42。なぜなら，それらは生存のための種の適応度（fitness of the species to survive）を高めないからである。アーチャーは，ペットは人間を操作していると論じている。この操作はペットの意識的な意図によるものでないかもしれないが，それでもなお，飼い主よりもペットの側に適応的な利益をもたらすような行動パターンであることは間違いない。

ペットに愛着をもつ目的は何か？

　もし飼い主が社会的パラサイト同然のペットに操作されているとしたら，いったいどんなメカニズムがこのプロセスを支えているのだろうか？　種々の動物の寄生行動の他の事例では，パラサイトは宿主に対して，自分があたかも宿主の仲間であるかのごとくだますのである。場合によっては，パラサイトは宿主に似た形状をもっていなくてもよい。社会的パラサイトには，寄生している種とは外見が似ても似つかないものがよくある。宿主の種はしばしば，若い同種の個体が発した特定のシグナルに対して決まった方法で反応するようプログラムされている。もしパラサイトがそれらのシグナルを模倣できれば，この方略だけで十分，宿主の一員として扱われることを確実にできるのである。たとえば，ヨーロッパヨシキリ（訳注：ヒタキ科の鳥）の親は，巣の中でパックリと

開いたどんな嘴にも反応して餌をやってしまう。したがって，カッコウの雛鳥は，ヨーロッパヨシキリの親の前で嘴を開けていれば，その幼鳥と同じように食べ物を与えてもらえるのだ★43。

　もう一つの社会的パラサイトの形態が，蟻とある甲虫の関係にみられるものである。その甲虫は蟻よりも大きいにもかかわらず，蟻の巣に入って世話を受けることがある。というのも，その甲虫は宿主の社会行動をコントロールする模造のフェロモンを放出するからである★44。

　カッコウの雛鳥の大きく開いた嘴や，甲虫の一種による蟻のコロニーへの化学的刺激という上記の2つの例においては，宿主の行動が「社会的解発因（social releaser）」として知られる単純な刺激によってコントロールされる。ペットは，人間という宿主の行動をコントロールするような社会的解発因を発しているのだろうか？

　人間に社会的解発因が存在するかどうかという可能性については，長く議論されてきた。人間がある特定の目鼻立ちや身体的特徴に対して親としての反応を示すことについては，合意が得られている。もともとローレンツ（Lorenz, K.）によって，そうした特徴——大きな額，大きく低い位置にある目，丸々とした頬，短く太い手足，つたない動き——が他の動物に見られる社会的解発因に相当するものだということが提唱された★45。ほとんどの鳥類・哺乳類は幼少期に同様の特徴を有している。それゆえ人間は，生後1日の雛鳥や仔猫や仔犬をかわいいと感じるのである。このメカニズムは，我々がバンビやミッキーマウスといった漫画のキャラクターや，テディベアなどのおもちゃに引かれる理由を説明する際に引き合いに出されてもきた★46。ローレンツは，同様の顔貌（facial configuration）が，我々人間がペットに引きつけられ，それを子どものように扱う基盤を形成しているとも論じた。たとえば，ある犬種の幼犬時の，まるで人間の赤ん坊のような大きな目は，飼い主に対して自分の魅力を高めるのに重要な役割を果たしているのだろう。

　赤ん坊のような容貌に加えて，ペットの受容性に影響を与えるその他の特徴もある。さまざまな特徴によって，受け入れられやすい動物もいれば，そうでない動物もいる。人間は，一定の大きさと知能がある動物を選択する傾向がある。哺乳類は温かな血が通い，さわりごこちがよいため，多くの人に選ばれる。

毛皮をもつ動物も好まれる。毛皮のない動物はあまり魅力的ではないが，それはおそらく毛がない容貌が，人類の進化においてかなり最近の特徴であるためである。

　赤ん坊のようなかわいい容貌ながら，世話がむずかしすぎたり人間の家庭環境に慣れなかったりするいために，ペットとして飼うことのできない動物がいる。たとえば，パンダ，ペンギン，フクロウがそうである（訳注：フクロウは実際ペットとして飼われている場合もある）。ペットとして飼うためのもう一つの重要な要因は，一日の中で我々人間と同じ時間帯に活動しているかということである★[47]。家の中で粗相をしないように，また飼い主や訪問客を攻撃しないよう，よくしつけられなければならない。ペットは，飼い馴らされ，しつけができるものでなければならないのである★[48]。

　最も人気のあるペットは，宿主である人間と心理的に波長を合わせられる動物である。たとえば犬や猫は人間とよく似た感情や気分を示す。彼らは飼い主に訴えかける方法を知っている。犬は飼い主に対する親愛の気持ちや愛情の明らかなサインを見せるし，飼い主にとても注意を払う★[49]。猫は犬に比べると自立心が強いが，それでも多くの猫は飼い主になでられたりかわいがられたりするのが好きである。そのためにペットは飼い主の心を引く方法を考え出しているようであり，またその過程を通して，ある意味で人間をコントロールしているのである。ペットとして最も人気があるのは，人間（飼い主）の環境に適応し，その要求や期待を読み取ることに最も成功した動物なのである。

　ペットは単にお気に入りの友人というだけではなく，飼い主にとっての責任となるものである。ペットは世話を必要とすると同時に，家を共有する間は適切に行動するようしつけがなされなければならない。したがって，ペットを飼うということはある程度のコストを負う可能性があるということである。一部のコメンテーターによれば，ペットを飼うコストはベネフィット（利益）を上回っているので，ペットはパラサイト同然と見なすことができるという。厳密なダーウィン学派の観点では，ペットを飼うことは我々人間の種としての適応度を高めない。一方このような見解とは対照的に，ペットが飼い主に対して実際によい影響をもたらす可能性があることを示す証拠が世界中で蓄積されている。特に，動物の仲間とともに暮らすことが我々の身体的・心理的健康に有効

である可能性がある。そこで続く2つの章では、ペットとの暮らしがはたして全体として利益をもたらすのかどうかについて、これまでの研究結果をじっくり見てみることにしよう。

🐾 引 用 文 献 🐾

〈＊マークの文献は邦訳あり，巻末リスト参照〉

1 Garrity, T.F., Stallones, L., Marx, M.B. and Johnson, T.P. Pet ownership and attachment as supportive factors in the health of the elderly. *Anthrozoos*, 3, 35–44, 1989. Ory, M.G. and Goldberg, G.L. An epidemiological study of pet ownership in the community. In R.K. Anderson, B.L. Hart and L.A Hart (Eds) The Pet Connection. Minneapolis: University of Minnesota. Soares, C.J. The companion animal in the context of the family system. In B. Sussman (Ed.) *Pets and the Family*. London: Haworth, pp. 49–62, 1985.
2 Cain, A.O. A study of pets in the family system. In A.H. Katcher and A.M. Beck (Eds) *New Perspectives on Our Lives with Companion Animals*. Philadelphia: University of Pennsylvania Press, 1983. Voith, V.L. Attachment of people to companion animals. *Veterinary Clinics of North America. Small Animals Practice*, 12, 655–663, 1985.
*3 Woodhouse, B. *No Bad Dogs*, Aylesbury: Hazell Watson and Viney, 1978.
4 Serpell, J.A. *In the Company of Animals*. New York: Blackwells.
5 Hart, B.L. and Hart, L.A. Selecting the best companion animal: Breed and gender specific behavioural profiles. In R.K. Anderson, B.L. Hart and L. A. Hart (Eds) *The Pet Connection*. Minnesota: University of Minnesota., pp. 348–354, 1984. O'Farrell, V. *Dog's Best Friend: How Not To Be a Problem Owner*. London: Methuen.
6 O'Farrell, V., 1994, ibid.
7 Voith, V.L., Wright, J.C. and Danneman, P.J. Is there a relationship between canine behaviour problems and spoiling activities, anthropomorphism and obedience training. *Applied Animal Behaviour Science*, 34, 263–272, 1992.
8 Peachey, E. Problems with people. In J. Fisher (Ed.) *The Behaviour of Dogs and Cats*. London: Stanley Paul, pp. 104–112.
9 Borchelt, P.L. and Voith, V.L. Classification of animal behaviour problems. *Veterinary Clinics of North America. Small Animals Practice*, 12, 571–586, 1986.
10 Campbell, W.E. Effects of training, feeding regimens, isolation and physical environment on canine behaviour. *Modern Veterinary Practice*, 67, 339–341, 1986. Clark, G.I. and Boyer, W.N. The effects of dog obedience training and behavioural counselling upon the human–canine relationship. *Applied Animal Behaviour Science*, 37, 147–159, 1993.
11 Jagoe, A. and Serpell, J. Owner characteristics and interactions and the prevalence of canine behaviour problems. *Applied Animal Behaviour Science*, 47(1–2), 31–42, 1996.
12 Peachey, E., 1993, op.cit.
13 Murphree, O.D., Dykman, R.M. and Peters, J.E. Genetically determined abnormal behaviour in dogs: Results of behavioural tests. Conditional Reflex, 2, 199, 1967.

Hart, B.L. and Hart, L.A., 1985, op.cit.
14 Serpell, J., 1986, op.cit. 14 O'Farrell, V., 1994, op.cit. Borchelt, P.L. and Voith, V.L., 1986, op.cit.
15 Clark, G.I. and Boyer, W.N., 1993, op.cit.
16 Hart, B.L. and Hart, L.A., 1985, op.cit. O'Farrell, V., 1994, op.cit.
17 Lockwood, R. Dominance in wolves; useful construct or bad habit? In E. Klinghammer (Ed.) *The Behaviour and Ecology of Wolves*. New York: Harland STPM Press, pp. 225–244, 1979. Van Hooff, J.A. and Wensing, J.A. Dominance and its behavioural measures in a captive wolf pack. In H. Frank (Ed.) *Man and Wolf*. Dordrecht: Dr W. Junk, pp.219–251, 1987.
18 O'Farrell, V., 1994, op.cit.
19 Jagoe, A. and Serpell, J., 1996, op.cit.
20 Clark, G.I. and Boyer, W.N., 1993, op.cit.
21 Szasz, K. *Petishism: Pets and Their People in the Western World*. New York: Holt, Rinehart & Winston, 1968.
22 Hirsch-Pasek, K. and Treiman, R. Doggerel: Motherese in a new context. *Journal of Child Language*, 9, 229–237, 1982.
23 Mathes, E.W. and Deuger, D.J. Jealousy: A creation of human culture? *Psychological Reports*, 51(2), 351–354, 1982.
24 Fox, M. Relationships between the human and non-human animals. In B. Fogle (Ed.) *Interrelationships between People and Pets*. Springfield, IL: Charles C. Thomas, 1981.
* 25 Fox, M.W. *Understanding Your Cat*. London: Bland & Briggs, 1974a. Fox, M.W. *Understanding Your Dog*. London: Bland & Briggs, 1974b.
26 Voith, V.L. et al., 1992, op.cit.
27 Mugford, R.A. The social significance of pet ownership. In S.A. Corson and E.O. Corson (Eds) *Ethology and Non-verbal Communication in Mental Health*. Oxford: Pergamon, 1980.
28 Mugford, R. Problem dogs and problem owners: The behaviour specialist as an adjunct to veterinary practice. In B. Fogle (Ed.) *Interrelationships between People and Pets*. Springfield, IL: Charles C. Thomas, 1981.
29 Sanders, C.R. Understanding dogs: Caretakers' attributions of mindlessness in canine–human relationships. *Journal of Contemporary Ethnography*, 22(2), 205–226, 1993.
30 Clark, G.I. and Boyer, W.N., 1993, op.cit.
31 Jagoe, A. and Serpell, J., 1996, op.cit.
32 Mertens, C. Human–cat interactions in the home setting. *Anthrozoos*, 4, 214–231. 1991
33 Maurer, A. What children fear. *Journal of Genetic Psychology*, 106, 265–277, 1965.
34 Doogan, S. and Thomas, G.V. Origins of fear of dogs in adults and children: The role of conditioning processes and prior familiarity with dogs. *Behaviour Research and Therapy*, 30(4), 387–394, 1992.
* 35 Freud, S. Analysis of a phobia in a five year old boy. *Collected Papers*, Vol III. London: Hogarth Press, pp. 149–288, 1925.
* 36 Watson, J.B. *Behaviourism*. Chicago: University of Chicago Press, 1959.
37 Jung, C.G. *The Archtypes and the Collective Unconscious*. Collected Works –

Bollinger Series. New York: Pantheon Books, 1962.
38 Di Nardo, P.A., Guzy, L.T., Jenkins, J.A., Bak, R.M., Tomasi, S.F. and Copland, M. Etiology and maintenance of dogs fears. *Behaviour Research and Therapy*, 1988.
39 Doogan, S. and Thomas, G.V., 1992, op.cit.
40 Archer, J. Why do people love their pets? *Evolution and Human Behaviour*, 18, 237–259, 1996.
41 Serpell, J. A., 1986, op.cit.
42 Archer, J., 1996, op.cit.
43 Davies, N.B. and Brooke, M. Cuckoos versus reed warblers: Adaptations and counteradaptations. *Animal Behaviour*, 36, 262–264, 1988
* 44 Wilson, E.O. *Sociobiology: The New Synthesis*. Cambridge, MA: Harvard University Press, 1975.
* 45 Lorenz, K. *Studies in Animal and Human Behaviour*, Vol II. London: Methuen, 1971.
* 46 Gould, S.J. *The Panda's Thumb*. New York: W.W. Norton, 1980. Hinde, R.A. and Barden, L.A. The evolution of the teddy bear. *Animal Behaviour*, 37, 1371–1373, 1985.
47 Serpell, J.A., 1986, op.cit.
48 Messent, P.A. and Serpell, J.A. An historical and biological view of the pet–owner bond. In B. Fogle (Ed.) *Interrelations Between People and Pets*. Springfield, IL: Charles C. Thomas, pp. 5–22, 1981.
* 49 Smith, S.L. Interaction between pet dog and family members: An ethological study. In A. H. Katcher and A. M. Beck (Eds) *New Perspectives on Our Lives with Companion Animals*. Philadelphia: University of Pennsylvania Press, pp. 29–36, 1983.

第5章 ペットは身体的健康に効果的か？

　ペットを飼育することは健康によいだろう。少なくとも続々と出される大量の研究がそれを示している。ペットとの生活が健康に及ぼす効果は，身体面，心理面の両面に及ぶ。効果の本質的特徴は，ペットと我々との関係の中身によって変わるだろう。強い愛着関係，それだけでも，情緒的な安らぎをもたらす絆を感じることができる。また，前章までに述べてきたように，ペットは，しばしばともに暮らす家族の一員として扱われる。家族からの情緒的サポートが不足している者にとっては，ペットが代わりの愛情源になることもある★1。飼い主の中には，ペットから，もっと宗教的な意味での恩恵を得ている者もいる。たとえば，人間味がなく，バラバラで，テクノロジー主導となってしまった現代社会において，ペットは疎外感を埋める存在となる。また，ペットを飼うことが，自然との密接なつながりをもたらす場合もある★2。我々は，動物との絆を深めることによって，情緒的な調和と安定を取り戻すことができるのである★3。

　多くの場合，飼い主は，ペットによる健康上の効果があると感じ，ペットがいると心地よいと思っていることを認めるだろう。このような個人的な体験や，飼い主自身から自発的に提供された逸話による証拠とは別に，ペットがストレス対処に役立つこと，ペットとの身体的接触が，心拍数や血圧の低下のような計測可能な身体的変化を生むことを示す客観的で科学的な証拠がある。ペットは，入院後の病気からの回復に役立つことが知られているし，高齢者や病人の

平均余命の延びとも関連している。この章では，ペットが身体的健康にもたらす効果について検証する。次章では，心理的な治療における，コンパニオン・アニマルの用いられ方について概観する。

文献★4によれば，身体的健康に影響するコンパニオン・アニマルの機能は次の7つであるといわれている。①孤独感を低減するもの，②世話をするもの，③我々を忙しくさせるもの，④ふれたり，なでたりするもの，⑤鑑賞するもの，⑥安心感を与えるもの，⑦運動を促進する刺激となるもの，以上7つである。これらの中には，身体的健康に直接，即座に影響を及ぼすものもある。一方，心理的問題の軽減によって，間接的に身体的健康に影響するものもある。7つの機能のうち，①から③は，抑うつ感の低減，孤独感や社会的孤立感（social isolation）の低減をもたらすと思われている。④から⑥は不安を低減すると考えられている。抑うつ，不安，孤独，失望などの感情の低減，予防に貢献する要因はどんなものでも，身体的健康に効果をもたらし，最も重大な疾患である心臓疾患を含めて，広範囲にわたる慢性疾患の発生を減らすことになるだろう。

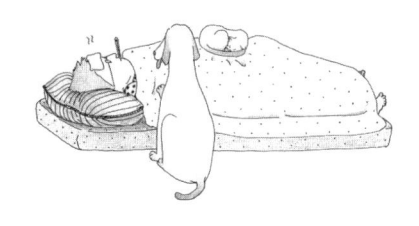

ペットとストレスと健康の関係

ペット飼育で得られる効果の一つは，ペットとの交流によるストレス低減効果だといわれている。この効果の証拠は，コンパニオン・アニマルとの接触に伴う身体的変化を示す直接的な生理指標から得られているだけでなく，飼い主自身の自己報告からも得られている。

ペットの飼育は実際に効果をもたらしている。アメリカでのいくつかの研究では，ペットの飼育が苦痛を伴うストレスフルなライフイベントへの対処に役立ち，結果として健康上の効果をもたらすことが示されている。しかし，ペットが人の健康に与える影響は，いつも単純でわかりやすい形で現れるとは限らない。たとえばその影響は，他者から得る社会的サポートの程度のような他の生活要因によって変化することもしばしばあるだろう。また，コンパニオン・

アニマルとの深い愛着を楽しむことによって，生活上の苦しい経験や身体的病気に対処する力を得ることができるということもあるだろう。したがって，ここではペットを飼っているということ自体が唯一重要な要因ではないといえる。飼っているペットの種類だけでなく，ペットとの関係の特徴も重要である。また，ペットを飼うことが，健康にとってどの程度重要となるかは，その人が，たくさんの社会的サポートを受けられるような力強い社会的ネットワーク（social network）をどの程度維持できているかによっても変わってくる[*5]。

　アメリカでは，健康増進を目的とするプログラム（ヘルスプログラム）の登録者を対象とした研究が続けて行われ，その結果，ストレスフルなライフイベントの影響が，ペットを飼っているかいないかによって変わることが明らかとなった。この調査では，メディケア（医療健康保険制度）の健康増進を目的とするプログラムの登録者を対象に面接が実施された。面接では，ストレスフルと感じられる可能性がある出来事の経験の有無，医師への受診回数について尋ねた。また，ペットの飼い主については，ペットとの関係についても尋ねた。

　ペットを飼っていない者に比べ，ペットとのコンパニオンシップ（親交）を楽しんでいるペットの飼い主は，医師への受診回数が少なく，ストレス関連の健康上の問題が少なかった[*6]。性，年齢，人種，教育歴，収入，雇用状態，日常接触のある家族や友人の人数だけでなく，慢性的な健康上の問題までをもコントロールしても，ペットの飼い主は，飼っていない人よりも過去1年間における医師への受診回数が少なかった。ペットは，ストレス状況下に置かれている飼い主を助けているように思われる。また，ペットを飼っていない人では，ストレスフルなライフイベントの蓄積は，医師への受診回数の増加と関連していた。しかしペットを飼っている人では，そのような関連は認められなかった。ストレスの原因になる可能性が高い出来事は，面接から6か月程度前に親友や家族を喪失した経験だった。

　ペットを飼うことによる効果は，ペットがともにいる存在となり，安心や愛情をもたらしてくれることだと飼い主はいう。つらく苦しいライフイベントが生じると，コンパニオンシップ（親交）や社会的サポートが必要となるが，大部分の飼い主では，それはペットによってだいたい満たすことができる。非常につらい時には，人はしばしば身体的な診断や治療だけでなく，心理的な支援

を医師に求める。ペットの飼い主にとって，誰かとともにいたいという欲求はペットによって部分的に充足されている。このような理由から，ペットを飼っている人が医師に定期的に診察を求めることが少ないのだろう。

同じ研究において，ペットの種類（犬，猫，鳥）による飼い主の比較を行っている。その結果，犬の飼い主は，猫や鳥の飼い主よりも，ペットからの健康上の効果を多く受けていることが明らかとなった。猫や鳥の飼い主に比べ，犬の飼い主は，ペットと屋外で過ごす時間や，ペットと話す時間が長く，全体的にペットと長い間一緒に過ごしていた。他の飼い主に比べ，犬の飼い主は，ペットに対する愛着が一般的に強い傾向にあった。犬の飼い主は，他の飼い主に比べ，ペットが安心感を与えてくれると報告する傾向が強かった。他の飼い主は，ペットは自分たちを楽しませてくれると述べることが多かった。以上のように，犬の飼い主とペットとの関係は，他の種類のペットとの関係とは異なることは明らかである。他の動物の飼い主に比べ，犬の飼い主は，多くの点でペットとより深い関係を楽しんでいるといえる。

ペットによる身体的効果

多くの飼い主にとって，ペットは，とても楽しく，おもしろい，気晴らしの種であり，ストレスによる不安や身体的症状の低減につながっている。猫や犬とかかわることや，水槽を観賞することは，人間の身体を落ち着ける作用をもち，心拍数や血圧を低下させることになる。そのような効果は，他の人との会話や，テレビ鑑賞よりもずっと強いものだろう[★7]。

ペットと血圧

ペットを飼育することは，血圧のような身体的反応にどのような効果をもっているだろうか？　実験者も実験参加者も，動物が健康によいと信じているということは，多くの観察から明らかであるけれども，実際にペットの飼い主の生理的変化を測定した研究はきわめて少ない。ましてや，その測定を飼い主の家で行った研究はもっとわずかしかない[★8]。

1980年代初頭，冠状動脈疾患集中治療室（CCU）に入院した重度の狭心症

または心筋梗塞の患者92人を対象に先進的な研究が行われた。その研究では、家でペットを飼っている患者は、そうでない患者に比べ、生存率が高いことが明らかとなった。その違いは、犬の飼い主を除いても認められたので、運動は原因ではないと思われた★9。続く研究では、生存率の高さと、ペットの飼い主のパーソナリティとは無関係であることが示された。このことは、生存率の差は、ペットが飼い主の身体機能に影響を与えたことによるものだという可能性を支持している★10。人間どうしの言語的コミュニケーションでは、血圧の顕著な上昇が示されたが、ペットに話しかけたり、ふれたりした場合には、血圧は低下した★11。

　他の研究では、水槽の観賞は、催眠と同程度に血圧を減少させることが明らかとなった★12。また、子どもたちを対象とする研究では、犬がいるだけでも、血圧低減効果があることが示された。この研究では、子どもを2つのグループに分け、休憩と読書をさせ、その間の血圧と心拍数の変化を観察した。休憩または読書のどちらかを行っている間、部屋に見知らぬ犬をおいた★13。子どもと犬との間に明らかな交流はなかったのにもかかわらず、犬がいる時は、読書中でも休憩中でも、血圧や心拍数は減少した。心拍数、収縮期血圧、拡張期血圧、平均動脈圧は、犬のいるいないにかかわらず、休憩時よりも読書時において顕著に高い値を示した。また、犬が現れる順番も結果に影響した。犬によるリラックス効果は、最初の測定期間に犬がいた時の子どものほうが大きかった。

　他の研究では、飼っている犬をなでている時か、静かに読書している時に、血圧、心拍数、呼吸数の減少が認められた★14。血圧と呼吸数は、見知らぬ犬をなでている時でも減少した。しかし、その後の研究で、同様の実験を実験参加者の家で実施した時には、同じような結果の再現はできなかった。飼い主の生理的反応に対するペットの効果が認められなかったのは、実験をして約10分もすると実験参加者が退屈してしまったことや、すべての実験参加者がすべての検査を受けたわけではないことが理由ではないかと、その研究者は考察している★15。

　オーストラリアで行われた大規模な研究では、ペットの飼い主と非飼い主で、血圧、コレステロール濃度、中性脂肪濃度という心臓血管系のリスクファクター（危険因子）を比較した。その結果、ペットの飼い主は、リスクファクター

が全般的に低値を示した。その結果は、食習慣、BMI (body mass index)、喫煙、社会経済的特徴では説明ができないものであった。運動は、直接の原因ではないようだった[16]。その研究者が特に注目したのは、飼い主と非飼い主の収縮期血圧の差が、食塩摂取を減らした場合と同等であるということだった。つまり、高血圧にとって最重要の治療と考えられている食塩摂取制限と同程度の差が、ペットの有無によってみられたということである[17]。

続く研究では、ペットが生理指標に与える影響を確認するために、テストを行う期間と自由な時間を1日2回ずつ設定し、その時ペットがいるかいないかによる、収縮期血圧、拡張期血圧、心拍数、平均動脈圧、リラクセーションの程度の違いについて測定した。ペットを飼っていない2人についても、同様の実験を行った。ペットを飼っているかいないかは、テスト期間での血圧や心拍数を顕著には変化させていないようだった。しかし、心拍数と平均動脈圧はペットを飼っているかいないかに密接に関連した。実験参加者が家にいる時は、リラクセーションの程度が個人の心拍数や平均動脈圧に有意な影響を与えていた。しかし、ペットがいるだけで、心臓血管系の指標に変化が生じるという明白な兆候は認められなかった[18]。

ペットと病気からの回復

心臓手術後の患者では、ペットの飼育は、病気の回復度合いを早め、病気が全快する可能性を高めることが明らかになっている。冠状動脈性心臓疾患 (CHD) 患者の生存率に影響を与える社会心理学的または生理学的要因を研究する過程で、ペットを飼っているかいないか調査したところ、それが1年後の生存率と関連することが明らかとなった。アメリカで行われたある研究では、都市部の大学病院での冠状動脈性心臓疾患 (CHD) 患者 (重度の狭心症または心筋梗塞) の入院1年以内の死亡率を調べたところ、ペットを飼っている人は53人中3人しか死亡していないのに対し、飼っていない人は39人中11人が死亡していた。予想どおり、生存率を最も予測する因子は患者の生理的状態であ

った。ペットを飼うことの効果は，疾患の重篤度にかかわらず認められた。すなわち，疾患の重篤度だけで予測するよりも，疾患の重篤度およびペットがいるいないの2要因を組み合わせて予測したほうが，生存者を的確に予想できた。さらに，ペットによる恩恵は，社会的に孤立した個人に限って認められるというわけではないことも明らかになった。このことから，ペットが健康に与える影響は，他者からの支援的効果とは別個のものであるといえるだろう★19。

このような病気回復に及ぼすペットの効果は，いくつかの観点から説明されている。まず，飼い主の緊張緩和や，ストレス対処を助けるペットの能力が重要であることは疑いない★20。また，ペットを飼っている人は，飼っていない人に比べて，もともと，病気になることをあまり心配しないようである。ペットを飼っている人は，医師への受診回数が少ないことも知られている★21。したがって，ペットを飼うことは，一般的にいって，健康的で丈夫な気質と関連していると考えられる。加えて，ペットは我々の物事の感じ方に直接影響を与えるということも考えられる。毛で覆われた動物をなでることは，我々の身体的緊張を緩和し，我々の健康状態に直接よい影響を与えるだろう。

それに対し，病気からの回復率の差は，ペットを飼うこと自体に原因があるのではなく，ペットを飼っている人と飼っていない人ではもともとパーソナリティに違いがあるためであるという考え方もある。しかし，この仮説については検討がなされ，妥当ではないことが明らかとなっている。アメリカで大学生300人以上を対象に行われた研究において，さまざまな肯定的気分と否定的気分（緊張，抑うつ，怒り，活気，疲労，不安，困惑）に関する体験の程度について調べたところ，ペットを飼っているかいないかでは違いが認められなかった。それ以外に，心臓疾患に関連していることが知られている感覚刺激希求傾向やストレスに対する反応の現れやすさなどのパーソナリティ尺度についても調べたが，ペットを飼っている人と飼っていない人ではほとんど違いがなかった★22。以上のように，犬や猫のようなペットを飼うということは，その後の健康状態を全般的に良好にすることが明らかになっている★23。

● ペットはストレスを直接低減する

不安を喚起する状況では，ペットの存在は，その時にかけられているプレッ

シャーへの対処に役立つ。ペットは，脅威的な状況において，飼い主の苦痛を直接低減する力をもっているようだ。この効果は，年配の飼い主だけではなく，若い飼い主にも生じ得る。大学生を対象とする研究において，人なつっこい犬と交わることが，人を生理的にも心理的にも落ち着かせる効果をもつことが明らかとなった。そのリラックス効果は，静かに読書をすることによって得られるものと同程度であった[24]。

　ある実験によって，ペットのストレス低減効果がさらに明確に実証された。その実験では，女性を対象に，①実験室で実験者だけがいる状況，②自宅で女性の友人がいる状況，③自宅でペットがいる状況，④自宅で1人の状況，においてストレスフルな実験課題を行うよう求められた。女性の友人がいる状況では他の状況に比べて，生理的に覚醒した状態となり，課題遂行は全体的に悪かった。一方，ペットがいる状況では，覚醒水準は非常に低かった。これは，課題実施中に他の人がいると，自分の課題遂行の程度を評価されていると感じるために不安が加わり，その状況がよりストレスフルなものになったと考えられる。動物がいる時は，どの程度できているかを肩越しから覗かれているという感じはしない。ペットの支えは無条件であり，そこに評価は含まれないからだ。なお，この詳細な研究では，実験後に，参加した女性にインタビューを行っている。その結果，実験参加者が皆，飼い犬に夢中であるということが明らかとなった。参加女性の多くには夫や子ども，友人がいたけれども，彼女たちは，飼い犬との関係は特別であり，他の人間との関係とは異なるものだと述べている。参加女性は皆，一生涯，動物に惚れ込んでいて，幼い頃からペットとかかわっていた。飼い犬はしばしば家族の一員として語られた。参加女性の中には，少なくとも表面上は，夫よりも飼い犬に愛情を注いでいるように見える人もいたという[25]。

タッチングの重要性

　ペットがいなければストレスフルな状況も，ペットがいるだけで緊張が低減されることをこれまで見てきた。しかし，ペットにふれることは，さらに強いリラクセーション効果を生む。ペットにふれることは愛情表現の手段になるだけではなく，飼い主の心臓血管系に直接影響を与えている可能性がある。ペッ

トに話しかけたり、ふれたりするというようなペットと直接かかわる行為は、他の人に話をするといった心拍数やストレスレベルを高めるような行為に比べて、きわめてリラックスするものになり得る[26]。

愛情とストレス低減

　人はペットとの快適な社会的交流から心理的効果を受けているということを実証する結果に対して、かなりの興味が集まった。既に見てきたように、これらの効果には、心拍数や血圧の短期の低減も含まれるし、さまざまな生理面に対する長期的改善も含まれる[27]。ただし、ペットが生理的なリラックス効果を生じさせる程度は、飼い主とペットとの間に築かれた絆の性質によって変わってくる。人なつっこい動物であっても、単に横にいるだけでは、ストレスや不安を減少させる効果を生むには十分ではないかもしれない。しかし、一度、ペットとの愛情関係が形成されれば、飼い主は、身体的に健康によい効果を得られるかもしれない。子ども、若者、中年、高齢者、どの年代であろうと、ペットの飼い主は、ペットをなでることで心拍数や血圧が低下する。しかも、その鎮静効果は、ペットと飼い主との絆が深ければ深いほど、強くなる[28]。人なつっこくても、よく知らない犬だったとしたら、いつもつきあっている犬をなでるのと同様には心拍数や血圧は低下しないだろう[29]。

　20代から70代を対象に、飼い主との絆が形成された犬をなでる時、よく知らない犬をなでる時、読書をしている時で、血圧への影響を比較したおもしろい研究がある。その結果、絆が形成された犬をなでる時は、よく知らない犬をなでる時よりも顕著に血圧が低下した。いつもふれている犬をなでる時の血圧の低下は、静かに読書をした時と同様であった。この研究では、何もいなかった所に、犬が現れた時には「出会い反応」とでもよべる血圧の上昇が認められた。しかし、その反応は、よく知らない犬に会った時には生じなかった[30]。

　ペットと一緒にいる時の人間の生理的反応の様子は、ペットとの活動の種類によって変わることがわかっている。たとえば、血圧低下などの、いわゆる「ペットの効果」は、飼い主とペットが一緒に何をしているかによって変わる。特に血圧が下がるのは、愛情の絆が築かれたペットをなでたり、かわいがったりしている時である。動物に話しかけているだけでも、血圧は少しは低下する

が，低下の程度は，ペットと飼い主の間に身体的接触がある時ほどではない。社会的または心理的水準においては，ペットがいるだけでも十分なリラックス効果がある。しかし，接触することは，「ペットの効果」にとって鍵となる要因であるようだ★31。実際，血圧（動脈血圧，収縮期血圧，拡張期血圧）は，これまで飼ってきたペットをなでたり，ふれたりする時に顕著に低下する。その低下の程度は，他の人と話す，読書をするというような，他のリラックス活動よりも大きい。さらにいえるのは，一般的に，ペットに積極的にかかわればかかわるほど，ペットとかかわる時のリラックス効果は大きいということである★32。

　温かく，毛で覆われた動物にふれることは，心臓手術後の患者の回復にとって助けになることが観察されている★33。特に興味深い点は，ペットが血圧などの特定の生理学的な反応を低下させる可能性があるということである★34。読書時に血圧が下がることは知られているけれども，その読書時に犬が入ってくると，血圧はさらに下がる★35。しかし，この効果の大きさは，もともとその犬をどの程度知っているかによって変わる。よく知らない犬をなでるのでは，血圧への顕著な効果は見られないかもしれない★36。それでもやはり，ペットを飼っていない人でも，親しみやすく人なつっこい犬とかかわることによって心拍数と血圧が減少することが確認されている★37。

　ある研究者によれば，身体的接触なしで，犬のようなペットが単に物理的にいるだけでも，心拍数や血圧のような，不安水準を示す身体的指標への効果はあるという★38。しかし，この結論は，どこでも支持されているものではない。他の実験室実験による研究では，9歳から16歳の子どもを対象として，実験室に1人でいる場合と，親しみやすい犬といる場合での心拍数と血圧を観察した。実験の間，犬がいることによって，子どもたちの血圧はだんだんと低い値を示した。この結果について実験者は，犬になじんでくるにつれて，実験があまり脅威ではなくなったのだろう，と判断している★39。他の研究では，よく知らない犬との交流であっても，静かに読書をしているのと同様の生理的効果が認められ，ある程度，血圧や心拍数が低下したことが明らかになっている。この研究では不安テストを行っている。不安テストの得点自体は犬との交流による影響を受けなかったけれども，この不安テストの高得点者または低得点者（つ

まり平均程度以外の者）において，血圧や心拍数の低下が認められた[40]。

　ペットは我々の健康によい効果をもたらす。ペットは，ともにいてくれる相手になり，無条件の忠誠心や愛情を与えてくれることによって，我々に心理的な快適さをもたらす。しかし，単にそれだけにとどまらず，ペットは，飼い主の健康に，実際に，測定可能なレベルで身体的な効果をもたらしている。我々の健康度は，非常に多くの要因によって左右される。社会経済的状態，ライフスタイルや活動水準は最も重要な要因の一つである。他の人よりも健康的な生活を送っている人は，食事に気を遣い，運動をして，前向きな態度をとり，職業面や個人生活での成功にもおそらくは支えられているので，疾患に罹りにくい。そこにペットは健康的な生活をもたらす要因を加えてくれる。犬や猫のような人なつっこいペットは，多くの人にとって快適さやコンパニオンシップの源となる。ペットを飼うことによる恩恵は，単なる社会的サポートの域を超えている。ペットとの間で強固に築き上げられた関係は，飼い主の健康を確実に促進する。ペットは人生の社会的資産の一つであり，より健康的なライフスタイルに貢献するものといえる。

　ペットを飼うことは，臨床治療的によい効果をもたらす。ペットを飼っているかいないかは，重篤な疾患によって入院した後の1年間の生存率を大きく左右する要因であることがわかっている[41]。そのようなペットの効果は，はじめからペットの飼い主の健康状態がよいためではない。また，飼い主の社会的地位が高いせいでもない。飼い主は，ペットを飼っていない人よりも際立って社会的資産をもっているわけではない。さらに，その他の人口統計学的要因や，社会経済的要因を統制しても，一般的に，ペットを飼うことは，健康状態のよさや，疾患からの早期回復と強く結びついている。ペットは，今日の人々の生活に重要な影響をもたらすものといえるだろう。それは，人間どうしの関係がもたらすものとは別のものであり，人間どうしの関係では満たせないものを補っている。ペットは，他の人間との接触において不足したものを完全に補うものでは決してないけれども，それはしばしば，人間では提供できないような関係をもたらす。本章では，ペットの世話をしている時や，人なつっこい動物と実験室に一緒にいた場合に得られる身体的健康への効果について検討した。以上で，ペットとの親密な関係から，身体的効果が得られることはわかった。そ

れでは，心理的効果はどうなのだろうか？　次章では，動物が我々の精神的健康に与える影響について，実証結果を検討する。そのような効果は，ペットを飼うことに伴う副次的効果として生じるだけではない。次章で説明するように，治療場面で動物が使用された事例においても，興味深い結果が見られているのである。

🐾 引用文献 🐾

〈＊マークの文献は邦訳あり，巻末リスト参照〉

1 Friedmann, E. and Thomas, S.A. Pets and the family. In B. Sussman (Ed.) *Pets and the Family*. London: Haworth Press, pp. 191–203, 1985.
2 Levinson, B.M. The child and his pet. A world of nonverbal communication. In S. A. Corson and E.O. Corson (Eds) *Ethology and Nonverbal Communication in Mental Health*. New York: Pergamon, pp. 63–81, 1980.
*3 Levinson, B.M. *Pet-oriented Child Psychotherapy*. Springfield, IL: Charles C. Thomas, 1969.
4 Katcher, A. Interaction between people and their pets: Form and function. In B. Fogle (Ed.) *Interrelations Between People and Pets*. Springfield, IL: Charles C. Thomas, pp. 41–67, 1981.
5 Stallones, L., Marx, M.B., Garrity, T.F. and Johnson, T.P. Quality of attachment to companion animals among US adults 21 to 64 years of age. *Anthrozoos*, 3, 171–176, 1990.
6 Siegel, J.M. Pets and the physician utilisation of behaviour of the elderly. Paper presented at the 6th International Conference on Human–Animal Interactions, Montreal, 1992.
*7 Katcher, A. H., Friedmann, E., Beck, A.M. and Lynch, J.J. Talking, looking and blood pressure: Physiological consequences of interaction with the living environment. In A. H. Katcher and A.M Beck (Eds) *New Perspectives on Our Lives with Companion Animals*. Philadelphia: University of Pennsylvania Press, pp. 351–359, 1983.
*8 McCulloch, M. Animal-facilitated therapy: Overview and future directions. In A.H. Katcher and A.M. Beck (Eds) *New Perspectives on Our Lives with Companion Animals*. Philadelphia: University of Pennsylvania Press, 1983.
9 Friedmann, E., Katcher, A.H., Lynch, J.J. and Thomas, S.A. Animal companions and one-year survival of patients after discharge from a coronary care unit. *Public Health Reports*, 95, 307–312, 1980.
10 Friedmann, E., Katcher, A.H., Thomas, S.A., Lynch, J.J. and Messent, P.R. Social interaction and blood pressure: Influence of companion animals. *Journal of Nervous and Mental Diseases*, 171, 461–465, 1984.
11 Katcher, A., 1981, op.cit.
12 Katcher, A. et al., 1984, op.cit.
13 Friedmann, E. et al., 1984, op.cit.
14 Baum, M.M., Bengstrom, N., Langston, N.F., and Thoma, L. Physiological effects of human/companion animal bonding. *Nursing Research*, 33(3), 126–129, 1984.

15 Oetting, K.S., Baum, M.M. and Bergstrom, N. Petting a companion animal, dog and autogenic relaxation effects on systolic and diastolic blood pressure, heart rate and peripheral skin temperature. Paper presented at the annual Delta Society Conference, Denver, CO, 1985.

16 Anderson, W.P., Reid, C.M., and Jennings, G.L. Pet ownership and risk factors for cardiovascular disease. *Medical Journal of Australia*, 157, 298–301, 1997.

17 Law, M.R., Frost, C.D. and Wald, N.J. But how much does dietary salt reduction lower blood pressure? III – Analysis of data from trials of salt reduction. *British Medical Journal*, 302, 819–824, 1991.

18 Moody, W.J., Fenwick, D.C. and Blackshaw, J.K. Pitfalls of studies designed to test the effect pets have on the cardiovascular parameters of their owners in the home situation: A pilot study. *Applied Animal Behaviour Science*, 47(1–2), 127–136, 1996.

19 Freidmann, E. et al., 1984, op.cit.

20 Bergler, R. The contribution of dogs to avoiding and overcoming stress factors. Paper presented at the 6th International Conference on Human–Animal Interactions. Animals & Us, Montreal, 1992.

21 Siegel, J.M. Stressful life events and use of physician services among the elderly: The moderating role of pet ownership. *Journal of Personality and Social Psychology*, 58, 1081–1086, 1990.

22 Friedmann, E. et al., 1984, op.cit.

23 Serpell, J.A., Beneficial effects of pet ownership on some aspects of human health and behaviour. *Journal of Royal Society of Medicine*, 84, 717–720, 1991.

24 Wilson, C.C. A conceptual framework for home–animal interaction research: The challenge revisited. *Anthrozoos*, 7(1), 4–24, 1994.

25 Allen, K.M., Blascovich, J., Tomaka, J. and Kelsey, R.M. Presence of human friends and pet dogs as moderators of autonomic responses to stress in women. *Journal of Personality and Social Psychology*, 61(4), 582–589, 1991.

26 Baum, M.M. et al., 1984, op.cit. Friedmann, E., Katcher, A.H., Lynch, J.J. and Thomas, S.A. Animal companions and one-year survival of patients after discharge from a coronary care unit. *Public Health Reports*, 95(4), 307–312, 1980. Katcher, A.H., 1981, op.cit.

27 Katcher, A.H., 1991, op.cit. Brown, L.T., Shaw, T.G. and Kirkland, D. Affection for people as a function of affection for dogs. *Psychological Reports*, 31, 957–958, 1972. Mugford, R.A. and M'Comisky, J. Some recent work in the psychotherapeutic value of cage birds with old people. In R.S. Anderson (Ed.) *Pet Animals and Society*. London: Bailliere Tindall, pp.54–65, 1974. Delafield, G. Self-perception and the effects of mobility training. Unpublished doctoral dissertation, University of Nottingham, 1976. Kidd, A.H. and Feldman, B.M. Pet ownership and self-perceptions of older pets. *Psychological Reports*, 48, 867–875, 1981.

28 Jenkins, J.L. Physiological effects of petting a companion animal. *Psychological Reports*, 58(1), 21–22, 1986

29 Wilson, C.C. Physiological responses of college students to a pet. *Journal of Nervous and Mental Disease*, 175(10), 606–612, 1987.

30 Baum, M.M. et al, 1984, op.cit.

31 Vormbrock, J.K. and Grossberg, J.M. Cardiovascular effects of human–pet dog

interactions. *Journal of Behavioural Medicine*, 11, 509–517, 1988.
32 Grossberg, J.M. and Alf, E.F. Interaction with pet dogs: Effects on human cardiovascular response. *Journal of the Delta Society*, 2, 20–27, 1985.
33 Lynch, J.J., Thomas, S.A., Paskewitz, D.A., Katcher, A.H., and Weir, L.O. Human contact and cardiac arrhythmia in a coronary care unit. *Psychosomatic Medicine*, 39, 188–199, 1977.
34 Wilson, C.C., 1987, op.cit.
35 Friedmann, E., Katcher, A.H., Lynch, J.J. and Messent, P.R. Social interaction and blood pressure. *Journal of Nervous and Mental Diseases*, 171, 461–465, 1983.
36 Baum, M.M. et al., 1984, op.cit.
37 Moody, W.J. et al., 1996, op.cit.
38 Grossberg, J.M., Alf, E.E. and Vormbrock, S.K. Does pet presence reduce human cardiovascular response to stress? *Anthrozoos*, 2(1), 38–44, 1988.
39 Friedmann, E. et al., 1983, op.cit.
40 Wilson, C.C., 1987, op.cit.
41 Katcher, A., 1981, op.cit.

第6章
ペットは精神的健康に効果的か？

　ペットの社会的重要性は，著名な新聞，映画，本などでペットのことが頻繁に述べられることによって，くり返し示されてきた。1970年代以前は，ペットとの関係が人間にもたらす効果に関する科学的研究はほとんどなかった。実のところ，それまでに出された研究では，伴侶としてのペットに関することより，ペットによって生じる健康問題に焦点が当たる傾向があった★1。

　しかし現在では，ペットは，人間の身体的健康に効果的なだけではなく，心理的にも非常に多くの効果をもたらすことがわかっている。精神的健康と身体的健康は，しばしば密接に絡み合っている。既に見てきたとおり，ペットは情緒的な快適さを提供し，ストレスや苦痛の軽減を助ける。動物とともにいることは我々の生活に快適さと安定をもたらすが，その効果は非常に大きいので，特定の心理的または行動的問題に対する治療として，意図的に動物を用意することもできるだろう。ペットの飼い主は，ペットを飼っているという点以外では社会的に同じような状況にある人と比べると，抑うつ状態を体験することが少なく★2，人生を楽しんでいて★3，自分の生活におおむね満足し，幸福を感じること★4がわかっている。

　孤独は疾病率や死亡率を高める原因であるという数多くの証拠が得られている★5。ペットは，孤独感を低減し，家族や親友からの支援不足による精神病理学的な悪影響を低減する。つまり，ペットは飼い主の伴侶としての役目を果たすことができる。ペットを飼っている人に対する膨大な調査の結果，飼い主

の大多数はペットを家族の一員と見なしていた。さらに，非常に多くの飼い主が，ペットにいつも話しかけていて，ペットをあたかも人間のように扱い，ペットが飼い主の気分をよく察してくれていると考えていた[★6]。動物とともに過ごすことによって，飼い主は，動物との間に生じる密接な関係に安らぎを感じ[★7]，自尊心，独立心，責任感を強くもち[★8]，現実との接触を維持し[★9]，尊重されていることを楽しんでいる[★10]。

ペットの存在によって，飼い主は自分自身によい感情をいだくことができることが知られている。たとえば，オーストラリアの研究では，いくつかの心理テストを組み合わせて調べたところ，猫の飼い主は，すべての年代において，全般的な精神健康状態が良好だった。猫の飼い主は，何も飼っていない人に比べ，精神医学的問題が少なく，落ち込んだり，不眠になったりすることが少なく，動物一般に対して肯定的な態度をもち，ストレスを感じることがおおむね少なかった[★11]。

このような知見は，常に見られるわけではない。部分的にしか一致した結果が得られなかった研究や，否定的な結果が得られた研究もある。高齢女性を対象として，ペットの飼育と主観的幸福感との関係を研究した例では，家でペットを飼っているかいないかと，幸福感の自己評価との間には部分的な関係しか認められなかった。しかし，ペットを飼うことによって得られる幸福感は，社会経済的地位が増すほど強くなることが明らかになった。この研究者は，この他の研究で，ペットに対する愛着の強さによって，飼い主の心理的健康に及ぼす効果が大きく左右されることを報告している[★12]。

フリードマン（Friedmann, E.）は，大学生を対象にした研究で，ペットを飼っている人と飼っていない人の間で，心理面および生理面での違いは認められないことを明らかにしている[★13]。同じように，アッパーミドルレベルの社会経済的地位にある成人を対象に，ペットを飼っている人とそうでない人との間の幸福感を比較したところ，違いが認められなかったという研究もある[★14]。ペットを飼っている人と飼っていない人との間で，心理的な諸側面について調べたところ，それ以外にもかなりの重複が認められただけでなく，ペットを飼っている人は飼っていない人よりも心理的に不健康であるという結果も認められている[★15]。しかし，ペットを飼うことについて肯定的効果が認められた研

究の多くと同様，否定的効果が認められた研究も，飼い主のペットに対する愛着の程度を十分に測定していないために，結果に関する解釈をすることはむずかしい。

　これらの研究をみるところでは，ペットは治療的効果を生じさせていないが，それにはそれなりの状況的理由がある。たとえば，働いている女性を調査した研究では，猫の飼い主とそうでない人との間で，苦痛の経験の度合に顕著な違いは認められなかった。この結果は，対象となった働く女性たちが，仕事で非常に忙しく，猫の飼い主たちは猫と過ごす時間を十分にとれず，猫との愛着関係が，身体的・心理的効果を得るための水準に達することができなかったためだと説明されている★16。

　しかし，ペットを飼うことによって自然に生じる心理面への効果を裏づける結果は他にもある。そのような効果は，とりわけ高齢者の間で生じているようである★17。高齢者に対するペットの効果については第8章で検討するけれども，65歳以上のペットを飼っている高齢者は抑うつ的な傾向が少ないという重要な知見が得られていることはここで述べておいていいだろう★18。その研究では，飼い主とペットとの愛情の絆が強いほど，身体的・心理的効果が大きいことが明らかになっている。

ペット介在療法

　1960年代初頭に，レヴィンソン（Levinson, B.）によって「共同治療者としての犬」と題する先進的な論文が出されて以来，ペットの，特に心理療法的な役割に対して，専門家の注目はますます高まった★19。このレビュー論文では，犬は治療者と患者との間に，リラックスできて，患者が脅威を感じない関係をつくる助けになると報告されている。犬は，患者が進んで何でも答えられる雰囲気をつくることができる。ただし，ペット介在療法というアイデアは，この論文が現れるずっと前から存在していた。

　1800年，イギリスの精神病院ヨーク・リトリートにペットが提供されたが，その時期には，ペットに治療的価値があると信じられていた★20。レヴィンソンは，一連の論文で，精神障害者を対象とする施設，診療室，および家庭においてペットに治療的価値があるという考えを推進した★21。施設における研究

では，シーガル（Siegel, J.）が，重度の引きこもりを伴う統合失調症患者にペットを用いた治療を行ったプログラムについて概説している[22]。一方，レヴィンソンは，情緒的な障害や知的障害をもった患者に対して，刺激を与えたり，不適応行動を減少させるのにペットが有効であることに注目した[23]。

重度の引きこもりを示す子どもに対するレヴィンソンたちのかかわりにおいて，ペットは共同治療者としてうまく用いられた[24]。彼ら以外にも，ペットのいわゆる「社会的潤滑剤」効果に注目した研究者がいた。コーソン（Corson, E.）とその治療仲間は，伝統的な治療に反応しなかった施設にいる精神障害者に対する心理療法においてペットの犬を用いた。その結果，ペット介在療法によるめざましい進歩がみられた[25]。ペットがいることで，患者と治療者との社会的交流が増えたのだった。

家庭におけるペットの治療的価値については，2つの見方が考えられている。フリードマン（Friedman, A. S.）は，家族とペットとの関係を観察することで，その家族関係をよりよく理解することができることに注目した[26]。一方，レヴィンソンは，精神障害のある子どもや一般の子どもに対して，犬があそび相手，守護者，仲間，学習の源として役に立つことを報告している。さらにレヴィンソンは，ペットは子どもの責任感を育て，感情的トラウマの影響をできる限り少なくすること，ペットの死によって子どもは他の生物の死に対する心の準備ができること，親が亡くなった後もペットが子どもの情緒的サポートに役立つことを報告している[27]。

ペット介在療法（pet-facilitated therapy：PFT）という用語は，大まかに動物を使用した治療的介入方法を述べるものとして使われてきた。ペット介在療法は，療養施設に来た動物を利用すること（その間に，治療的に構成された人間と動物の交流は仕組まれていない）から，魚が遊泳する水槽を鑑賞することにより血圧を下げる試みまで，さまざまなことを指し示している可能性がある。また，動物との接触が，あらかじめ計画された心理療法の構成要素となっている状況（引きこもった子どもにウサギをなでるように教えることのような）を述べるためにもペット介在療法という用語は使われてきた。ペット介在療法という旗印のもとに置くのに相応しい活動の範囲を定めてしまうと，このアプローチの利点や不都合な面が不明確になるのは，その用語が指し示す範囲

の広さを考えると驚くにはあたらない。

ペットの心理療法的効果

　動物の心理療法的効果に関する証拠は，大部分が治療的印象から出されたものである。この種の証拠の問題点は，その証拠が導き出された調査では，動物の治療効果が想定される患者群に対する対照群を設けていないということである。また，ペット介在療法の魅惑的な点は，動物自体がしばしば非常に魅力的であるために，研究者自身も肯定的な見方になってしまうということである。

　長い年月の間に，多くのさまざまな動物介在療法プログラムが始められてきた。おもなプログラムの種類は，補助動物によるプログラム，施設居住者に対するプログラム，高齢者に対するプログラム，訪問プログラム，乗馬プログラム，野生動物を使ったプログラムである。

　治療を受けた者の心理面への効果という点で考えると，これらのプログラムの成功の程度はさまざまである。また，これらのプログラムには，動物福祉の問題を中心に，多くの倫理的な問題がある★[28]。

補助動物によるプログラム

　補助動物（service animal）には，視覚障害者のための盲導犬（guide dog），聴覚障害者のための聴導犬（hearing dog），身体障害者の動作介助をする介助動物（assistance animal）が含まれる。動物をはじめから補助動物にするために育てているプログラムもあれば，地域の動物シェルター（保護所）から動物を引き取り，障害者のために遂行できなければならない特殊な課題を訓練するプログラムもある。これらのプログラムは，ますます広く知られるようになっている。犬は視覚障害者や聴覚障害者の目や耳になるよう訓練することができるだけではなく，必要なものを持って来させたり，車いすの身体障害者の移動を介助させたりするよう訓練することもできる。一部の例では，動物福祉に対して必要な配慮が必ずしもなされていないという懸念がある。たとえば，犬は，あまりに重い荷物を持ったり，引いたりすることを求められると，けがをしてしまうことが知られている。

施設居住者に対するプログラム

　これらのプログラムは，長期医療のための病院，療養施設，精神病院，刑務所で行われる。これらのプログラムも，非常によく知られるようになった。その普及の伸びは，このプログラムの成功の程度を表している。ただし，これらのプログラムには，動物の疲労の問題や，虐待の問題さえも生じている。重要なことは，施設にいる人が個々の動物と一緒に過ごしたいと求めていても，動物に休憩時間を確保することである。刑務所や精神病院では，事故や虐待が生じたことが記録されている。これは，動物をしっかりと守らなければならないことを強く示唆するものである。

　精神病院の入院病棟にウサギを入れた実験では，非常に重篤な患者にさえも，一様に肯定的な反応が起こった。日常的な現実から深い心理的退行を示していた患者でさえ，ウサギを自分自身の個人的な世界の一部として受け入れることができ，ウサギを現実世界との架け橋として使っていた。ウサギの存在にいらだちを示す患者もいたが，それでもその不快感の発散のために，他者との交流はむしろ促進された★[29]。

　アメリカのある施設で実施されたペット介在療法の活動では，犬と猫が導入された。多くの患者が，ペットとの接触の結果，行動上の顕著な改善が見られた。犬の散歩を買って出る者もいれば，犬のグルーミングに参加する者もいた。それは，日常の決まりきった活動とは異なる活動であり，彼らはそこから，運動による効果や情緒的満足を得ていた。他の心理療法や治療では，さじを投げられていた患者に対して効果が生じたということを考えれば，この結果の重要性はもっとはっきりするだろう★[30]。

　ある州立精神病院では，小鳥の使用によって，話す必要性や欲求が強まり，責任をもつことを教えられ，不安が低減し，自分がかかわる生物に対する責任をもつことにつながり，他の療法では反応が得られなかった何人かの患者に対して治療効果が認められた★[31]。また，病院でのもめごとによって起こる調停の件数が50％低下し，患者間の「事件」も84％低減した。

● 高齢者に対するプログラム

さまざまなペット介在療法のプログラムが，特に高齢者向けに開発されてきた。ペットを飼っている高齢者の割合は他の世代よりも低いにもかかわらず，治療者は，高齢者には動物による効果を期待できると考えている。ある研究では，アルツハイマー病に罹った家族がいる高齢者世帯に犬がいることによって，笑顔，笑い，身体的運動，会話，互いの名前の呼び合いのような社会的行動の回数が増加したと報告している。いったん，犬が少しでも姿を見せると，その後犬が立ち去っても，そのような社会的行動が続いたという。また，長期入所施設で生活している高齢者を対象とした研究では，オリに入った仔犬と植物とを比較したところ，高齢者は仔犬に対して，見たり，笑ったり，そのことについて他の人と話すことを積極的に行うことが明らかになった[★32]。

支援が必要な高齢者に対して，ペット介在療法プログラムを行う時の問題点が明らかになっている。問題の一つは，その目的に対して選ばれ，訓練された動物が，その治療に気質的に適しているといえるかどうかという問題である。犬種によってパーソナリティは異なる。ある犬種は他よりも攻撃的で，落ち着きがないこともある。神経質な犬は，常に注意を向けなければならないことに我慢できなかったり，意に反してさわられると攻撃的に反応する傾向があるので，この種のプログラムには適していないだろう。また，餌のやりすぎのために，動物の具合が悪くなり，死に至ることさえある。したがって，これらのプログラムに使用する犬には，十分な運動を確実に行わせることも重要である。屋外に出られない入居者が，常に動物のそばにいたいというために，動物が十分に運動できず，元気や健康を維持できなくなることもある。

● 訪問プログラム

訪問プログラムは，最も広く普及した動物介在療法プログラムである。それらは，療養施設や病院のような施設の職員によって行われることもあれば，ボ

ランティアによって行われることもある。個人宅に訪問する形で行われるプログラムもある。他のプログラムと同様，用いられる動物（たいていの場合は犬）は，プログラムに適した気質でなければならない。動物は見知らぬ人間に対するふるまい方を訓練される。このプログラムでは犬が最もよく使用されるが，猫や鳥も用いられることがある。

　訪問プログラムと，前述した施設居住者に対するプログラムとの違いは，訪問プログラムでは動物が施設に暮らすことはなく，一時的に訪問した後に動物自身の家にまた帰るという点にある。

　ペットがいることによって，深刻な病状の人にも安らぎがもたらされる。終末期の癌患者の療養施設に猫や犬がいることが，患者の不安や苦痛を減少させ，末期状態での進行した癌に対する患者の積極的対処に役立った。一緒にいる動物の存在は，愛する人を残してこの世を去ることを受け入れることに役立った。患者が動物との関係を深めるほど，患者は動物から大きな心理的効果を得た★33。

　終末期の患者に対する他の研究では，ホスピスに小さなプードルを入れることによって，患者の態度や行動に重要なよい変化が起こった。これらのよい変化は，患者と職員の間で同様に認められた。プードルは，介護者と患者との間の明るい交流や，訪問者がいる時の患者のよい反応を促進し，すべての人のモラールを一様に高めているようであった★34。他にも，ある治療者は，結核で長く病臥中の女性に対してカメが生きた話し相手となり患者に責任感や興味をもたせたことに注目し，動物による情緒的な効果について示唆している★35。

乗馬プログラム

　馬による動物介在療法プログラムは，障害者に対して効果をあげてきた。歩くことができず，身体に障害をもつ人に対して，治療的乗馬は自分自身のコントロールで動作できるという感覚を味わわせる。このような経験は，身体的な効果だけでなく，心理的な効果も確実にもたらしている。

　ある治療者は，筋，神経，筋―神経の損傷や疾患を有する患者が，一連の乗馬レッスンの後で，血液循環が明らかによくなり，身体的にリラックスしていることに気がつき，馬を所有する，または使用することによる治療的利点につ

いてまとめている★36。患者は，乗馬による治療を行う前よりも，滑らかに身体の両側を協調させて動かすことができていた。また，てんかん患者のリラクセーションに対して馬を補助的に使うことによって，てんかん発作の回数を減らし，発作を小さくさせることもできた。知的障害または情緒障害のある者には，乗馬プログラムによる身体面の効果だけでなく，自尊心の向上，社会的刺激に対する集中力の向上が見られた。

野生動物を使ったプログラム

　飼育されていない野生動物を使用する動物介在療法プログラムが開発されてきた。そのようなプログラムは，さまざまな障害をもった者に心理的効果をもたらすと信じる者もいるけれども，動物の安寧について倫理的な心配を示す者もいるし，ある場合には，療法を受ける人間の安全を心配する者もいる。最もよく知られたプログラムは，イルカと一緒に遊泳するプログラムと，サルを補助的介助動物として用いるプログラムである。

　イルカと遊泳するプログラムでは，治療を受ける人は，イルカと一緒に水の中に入るか，または，水辺でイルカと交流する。このプログラムは，水槽や潟で行われる。イルカを拘束していることに対して，心配の声があがっている。しかし，イルカが拘束されていない状態で行われるプログラムの場合にも批判はあがっている。というのは，イルカは人間を歓迎するが，すべてのイルカが行儀のいいイルカとは限らないからである。イルカの中には，びっくりさせるのが好きで，遊泳している人にぶつかってくるものもいる。その力は非常に強いので，接触すると人間が本当にけがをしてしまうほどである。また，イルカとの遊泳については，本当に治療的効果があるのか疑問視する者もいる。というのは，イルカによる療法に関する体系的な検証がまだなされていないからである。

　サルによる介在療法プログラムは，四肢麻痺患者の補助的介助動物としてオマキザルを用いるものである。野生のサルを特別に訓練し，家の中で生活して，落ちた物を拾ったり，カセッ

トレコーダーをかけたり，患者にスプーンでご飯を与えることができるようにする。これらのプログラムは広く適用されているわけではなく，その結果についてもまちまちである★37。トレーニングはサルがわずか数週齢の時から開始される。

サルは，一人暮らしで，少なくとも障害を負ってから1年以上経っている障害者に対して提供される。サルと飼い主の間には強い絆が形成され，飼い主の側には，物理的利益だけでなく，心理面での効果も生じる★38。しかし，ここでも，サルを人間の居住環境に閉じこめておくことに対する疑問が投げかけられている。トレーニングの際に，サルに電気ショックを使用しているという疑惑から，トレーニング方法にも疑問の声があがっている。また，人間のパートナーになる前に，通常，サルはすべての歯を抜かれてしまう。これらのプログラムについては完全なレビュー研究を実施して，効果を検討することが求められている★39。

ペットを利用したその他の療法

ペットは，これまで述べてきた以外のさまざまな治療的状況でも使用されてきた。最も興味深い応用方法は，セックス・セラピーの時に仔猫を用いるというものである。この療法は，結婚して3年以上経っても性的交渉がない夫婦を対象に行われる。夫婦をリラックスさせ，他のものとの接触から安らぎを得られるようにするために，仔猫と遊んだり，仔猫をなでたりすることによる系統的脱感作療法（訳注：不安・恐怖に対する治療技法）が行われる★40。

心理療法において，ペットが不安の原因から患者の注意をそらさせ，その結果，不安の軽減をもたらすということもあるようである。患者は通常なら不安発作が生じる状況に置かれても，その場に，犬や猫のようなペットがいて少しでも注意がそれると，不安発作の程度が軽くなったり，不安感が自分でコントロールできる程度に抑えられたりする。動物の存在がリラックスすることを助けているといえるだろう★41。

● ペットと児童福祉

　犬は，福祉的なケアが必要な児童に対して特によい効果をもたらすことがわかっている。慢性的に嫌われ，拒否された子どもや，青年時代にずっと保護されていた子どもは，他者との関係に対して，引きこもり，抑うつ，うたぐり深い態度をとりやすい。そのような態度のために，結局，伝統的な心理療法によるアプローチにうまく応えることができなくなってしまう。そのような治療状況において，犬は有用な補助的役割を務め，伝統的な心理療法のアプローチの効果を高めることに役立つ★42。また，身体に障害のある子どもにとって，多くの動物は優れたペットとして，社会的，情緒的効果をもたらし，子どもの楽しみとなってくれる。なお，ペットの選択は，子どものスキル，成熟度，興味に合わせて注意深く行われるべきである。

　それ以外に，親の意見，居住形態，動物のトレーニングのしやすさも考慮されるべきである★43。多くの研究では，言葉の話せなかった自閉症児が馬に話しかけるようになり，その後，人とも言語的なコミュニケーションをとれるようになった事例に注目してきた★44。ペットは，知的障害児や情緒障害児に対して飼育する責任を与え，それが子どもの自尊心の向上や，動物を世話してくれていると他の大人から認められることにつながる。そのことによって，子どもは自己信頼感を得て，自分の人生に意義を感じ，全体的なものの見方を進歩させることになる★45。

　自閉症の治療は，治療時間にペットの犬を同伴させることによって効果が高まることがわかっている。治療者と一緒に犬がいることで，自閉症児の自己没入的な行動が減少し，社会的行動の改善をもたらした。犬が一緒にいる治療セッションを何度も続けた後であれば，犬が治療室にいなくなっても，その行動の改善は持続していた★46。

　ペットなどの飼育動物も，野生動物も，そばにいる人間に心理的効果をもたらすことができる。これらの精神健康上の副次的効果は，動物とともに生活している人にも生じる。しかし，さらに重要なことは，療法実施前には動物と人間の間に絆がまったく形成されていない人にも，動物介在療法プログラムでは治療的効果が生じるということである。このような治療は，特に子どもに効果

的である。このことは，子どもの生活において動物が非常に重要であることを示している。次章では，ペットの世話を通して早期に動物になじむことによって，子どもにもたらされる効果について検討する。

🐾 引用文献 🐾

1 Beck, A. Public health implications of urban dogs. *American Journal of Public Health*, 65, 1315, 1975.
2 Francis, G., Turner, J. and Johnson, S. Domestic animal visitation as therapy with adult home residents. *International Journal of Nursing Studies*, 2293, 201–206, 1985. Katcher, A. and Friedmann, E. Potential health value of pet ownership. *Compendium on Continuing Education for the Practicing Veterinarian*, 2, 117–122, 1980.
3 Francis et al., 1985, op.cit. Mugford, R.A. and M'Comisky J. Some recent work on the psychotherapeutic value of cage birds with old people. In R.S. Anderson (Ed.) *Pet Animals and Society*. London: Baillière Tindall, 1975.
4 Francis, G. et al., 1985, op.cit. Connell, M.S. and Lago, D.J. Favourable attitudes toward pets and happiness among the elderly. In T.K. Anderson, B.L. Hart and L.A. Hart (Eds) *The Pet Connection*. Minneapolis: University of Minnesota Press, 1983.
5 Cobb, S. Social support as a moderator of life stress. *Psychosomatic Medicine*, 38, 300–314, 1976.
6 Cain, A.O. A study of pets in the family system. In A. H. Katcher and A. M. Beck (Eds) *New Perspectives on Our Lives with Companion Animals*. Philadelphia: University of Pennsylvania Press, 1983. Friedmann, E., Leather, A.H., Eaton, M. and Berger, B. Pet ownership and psychological status. In R.K. Anderson, B.L. Hart and L.A. Hart (Eds) *The Pet Connection*. Minneapolis: University of Minnesota Press, 1984. Katcher, A.H., Friedmann, E., Goodman, M. and Goodman, L. Men, women and dogs. *California Veterinarian*, 37, 14–17, 1983.
7 McCulloch, M. The pet as prosthesis – defining criteria for the adjunctive use of companion animals in the treatment of medically ill, depressed outpatients. In B. Fogle (Ed.) *Interrelations between People and Their Pets*. Springfield, IL: Charles C. Thomas, 1981.
8 Corson, S.A., Corson, E.O. and Gwynne, P. Pet-facilitated psychotherapy in a hospital setting. In J.A. Masserman (Ed.), *Current Psychiatric Therapies*, Vol.15. New York: Grune & Stratton, pp. 277–286, 1975.
9 Levinson, B.M. *Pets and Human Development*. Springfield, IL: Charles C. Thomas, 1972.
10 Savishinsky, J.S. Pet ideas: The domestication of animals, human behaviour and human emotion. In A.H. Katcher and A.M. Beck (Eds) *New Perspectives on Our Lives with Companion Animals*. Philadelphia: University of Pennsylvania Press, 1983. Katz, S., Atlas, J., Walker, V. and Crossman, E. Pet-facilitated therapy: Potential benefits. *Community Animal Control*, September/October, 1982. Messent, P.R. Social facilitation of contact with other people by pet dogs. In A.H. Katcher and A.M. Beck (Eds) *New Perspectives on Our Lives with Companion*

Animals. Philadelphia: University of Pennsylvania Press, 1983.
11 Straede, C.M. and Gates, G.R. Psychological health in a population of Australia cat owners. *Anthrozoos*, 6(1), 30–42, 1993.
12 Ory, M.G. and Goldberg, E.L. An epidemiological study of pet ownership in the community. In R.K. Anderson, B.L Hart and L.A. Hart (Eds) *Pet Connection* Minneapolis: University of Minnesota Press, 1984.
13 Friedmann, E. Pet ownership and psychological status. In R.K. Anderson, B.K. Hart and L.A. Hart (Eds) *Pet Connection*. Minnesota: University of Minneapolis Press, 1984.
14 Martinez, R.L. and Kidd, A.H. Two personality characteristics in adult pet owners and non-owners. *Psychological Reports*, 47, 318, 1980.
15 Cameron, P. and Mattson, M. Psychological correlates of pet ownership. *Psychological Reports*, 30, 286, 1972
16 Watson, N.L. and Weinstein, M. Pet ownership in relation to expression, anxiety and anger in working women. *Anthrozoos*, 6(2), 135–138, 1993.
17 Lawton, M.P., Moss, M. and Moles, E. Pet ownership: A research note. *The Gerontologist*, 24(2), 208–210, 1984. Ory, M.G. and Goldberg, E.L., 1984, op.cit. Robb, S.S. and Stegman, C.E. Companion animals and elderly people: A challenge for evaluators of social support. *The Gerontologist*, 23, 277–282, 1983.
18 Garrity, T.F., Stallones, L., Marx, M. and Johnson, T.P. pet ownership and attachment as supportive factors in the health of the elderly. *Anthrozoos*, 3, 35–44, 1989.
19 Levinson, B. The dog as co-therapist. *Mental Hygiene*, 46, 59–65, 1962.
20 Siegel, A. Reaching the severely withdrawn through pet therapy. *American Journal of Psychiatry*, 118, 1045–1046, 1962.
21 Levinson, B.M. 1962, op.cit. Levinson, B.M. Pets: A special technique in child psychotherapy. *Mental Hygiene*, 48, 243–244., 1964. Levinson, B.M. The veterinarian and mental hygiene. *Mental Hygiene*, 49, 320–323. Levinson, B.M. The pet and the child's bereavement. *Mental Hygiene*, 51, 197–200, 1967. Levinson, B.M. Household pets in residential schools: Their therapeutic potential. *Mental Hygiene*, 52, 411–414, 1968. Levinson, B.M., 1972, op.cit.
22 Siegel, J., 1962, op.cit. Siegel, J. The journal investigates: Pet therapy, an unlighted path. *Journal of Small Animal Practice*, 5, 275–279, 1964.
23 Levinson, B.M. The value of pet ownership. *Proceedings of the 12th Annual Convention of the Pet Food Institute*, 12–18, 1969b.
24 Rice, S., Brown, L. and Caldwell, H. Animals and psychotherapy. *Journal of Community Psychology*, 1, 323–326, 1973.
25 Corson, S.A., Corson, E.O., Gwynne, P. and Arnold, L. Pet-facilitated psychotherapy. In R.S. Anderson (Ed.) *Pet Animals and Society*. London: Bailliere Tindall, pp.19–36, 1974. Corson, S.A., Corson, E.O. and Gwynne, P. Pet-facilitated psychotherapy in a hospital setting. In J.H. Masserman (Ed.) *Current Psychiatric Therapies*, Vol.15, New York: Grune & Stratton, pp. 277–286, 1975.
26 Friedmann, E. *Psychotherapy for the Whole Family*. New York: Springer.
27 Levinson, B.M., 1962, op.cit. Levinson, B.M. Pets, child development and mental illness. *Journal of the American Veterinary Associaiton*, 157, 1759–1766, 1970. Levinson, B.M., 1972, op.cit.

28 Iannuzzi, D. and Rowan, A.N. Ethical issues in animal-assisted therapy programmes. *Anthrozoos*, 4(3), 154–163, 1992.
29 Doyle, M.C. Rabbit-therapeutic prescription. *Comprehensive Psychiatry*, 18, 61–72, 1975.
30 Corson, S.A., Corson, E.O. and Gwynne, P. Pet-facilitated psychotherapy in a hospital setting. *Current Psychiatric Therapy*, 15, 277–286, 1975.
31 Trussel, V.L. Lima State Hospital: People helping animals...animals helping people. *American Humane Magazine*, 6696, 27–29, 1978. Lee, D. Birds as therapy at Lime State Hospital for the criminally insane. *Bird World*, February–March, 1(6), 14–16, 1979.
32 Robb, S.S., Boyd, M. and Pritash, C.L. A wine bottle, plant and puppy. *Journal of Gerontologial Nursing*, 6, 721–728, 1980.
33 Muschel, I.J. Pet therapy with terminal cancer patients. *Social Casework*, 65(8), 451–458, 1984.
34 Chinner, T.L. and Dalziel, F.R. An exploratory study on the viability and efficacy of a pet-facilitated therapy project within a hospice. *Journal of Palliative Care*, 7(4), 13–20, 1991.
35 Ross, S.D. The therapist use of animals with the handicapped. *International Child Welfare Review*, 56, 26–39, 1983.
36 Iannuzzi, D. and Rowan, A.N., 1992, op.cit.
37 Quiejo, J. Faithful companions. *Bostonia*, January–Febrary, 35–39, 1989.
38 Willard, M.J., Levee, A. and Westbrook, L. The psychosocial impact of simian aides in quadriplegics. *Einstein Quarterly Journal of Biology and Medicine*, 3, 104–108, 1985.
39 Iannuzzi, D. and Rowan, A.N., 1992, op.cit.
40 Pichel, C.H. and Hart, L.A. Desensitization of sexual anxiety: Relaxation, play and touch experience with a pet. *Anthrozoos*, 2(1), 58–61, 1988.
41 Brickel, C.M. Pet-facilitated psychotherapy: A theoretical explanation via attention shifts. *Psychological Reports*, 50, 71–74, 1982.
42 Ganski, Y.A. The therapeutic utilisation of canines in a child welfare setting. *Child and Adolescent Social Work Journal*, 2(2), 93–105, 1985.
43 Frith, G.H. Pets for handicapped children: A source of pleasure, responsibility and learning. *Pointer*, 27(1), 24–27, 1982
44 Mason, H. How horses are helping the handicapped. *Kiwanis Magazine*, 65(8), 25–27,1980a. Mason, H. A ride to health: Horseback riding helps Browndale students. *Special Education in Canada*, 54(4), 28–29, 1980b.
45 Ross, S.D. 1983, op.cit.
46 Redefer, L.A. and Goodman, J.F. 1989. Redefer, L.A. Brief report: pet-facilitated therapy with autistic children. *Journal of Autism and Developmental Disorders*, 19, 3–5.

26 は以下の文献が正しい。
Friedman, A. S. 1965 *Psychotherapy for the whole family : case histories, techniques, and concepts of family therapy of schizophrenia in the home and clinic.* New York : Springer.

第7章
ペットは子どもによい影響を与えるか？

　ペットは人間の発達に重要な役割を果たす。子どもと動物の健全な絆の形成は，子どもの社会的・情緒的発達に重要な影響を与える。ある研究者によれば，動物とともにいることの影響が最も強い時期は，児童期中期（訳注：8〜10歳くらい）と高齢期であるという★1。高齢者にとってのペットの重要性については次章のテーマとし，本章では，子どもにとってのペットの重要性を示す資料について検討する。

　ペットを飼うことが子どもによいと，ますますいわれるようになっている。パーソナリティの発達にとって，ペットが本質的な役割をもっているかどうかはわからないが，ペットは，パーソナリティの発達に有益だと考えられているようではある★2。ペットは，家族の中で，さまざまな役割や機能を果たす。ペットは，子どもが，後々の社会関係で生じるであろうさまざまな相互作用を学ぶ際に，人間の代わりに練習相手となってくれる。ペットの世話は，責任感をもつことにつながるし，トイレ・トレーニングや性に関する問題を学ぶための自然な具体例を提供してくれる★3。大きなペットに子どもが同一視して，子どもは力強さを感じるかもしれない。また，ペットは永続的な信頼感を感じさせるものにもなる。親はそうではないかもしれないが，ペットには子どもと過ごす時間がいつもあるし，ペットはずっと一緒にいてくれると思われている。晩になって出かけてしまうこともないし，もっと重要なことには，離婚訴訟を起こすこともない。親の別居や離婚に適応する間，ペットは永続的な信頼感を

与えてくれる。すなわち，ペットは子どもに信頼される一種の「親」なのである★4。

ペットと家族

　ペットは，家庭の中での役割を特に評価されてきた。1980年代初頭，英語圏では，世帯の半数以上がペットを飼っていたとの記載もある★5。ペットは，家で子どもと一緒にいるのが一般的である★6。多くの子どもは，ある時期になるとペットが欲しいと言い出す★7。また，ペット所有について親の意見を調べたいくつかの研究によると，ペットは子どもにおおむねよい影響を与え，子どもの発達にもよいということで親の意見は広く一致していることが明らかとなっている★8。家庭内におけるペットの役割は，家族構成，家族のメンバーそれぞれの情緒的な長所・短所，家庭内の雰囲気によって変わる★9。家族それ自体がもっているもので，ペットを飼うことによって補完される特徴が2つある，とある研究者は述べている。一つは，ペットは，家族が社会的ネットワークを広げるための手段となり得るということである。ペットは家族以外の者にとっても興味の的となるので，ペットがいることによって，家族は，同じように動物に好意をもっている人たちとつきあうことができるようになる。もう一つは，家族がさまざまな役割や関係を試す際に，動物が直接の対象や仲介役として用いられることによって，家族メンバー間のさまざまな感情や対立意識がなくなり，家族がよい雰囲気になるということである★10。このようなペット特有の機能は，子どもにとって特に重要であるだろう。つまり，子どもにとってペットは，他の家族メンバーよりも重要な「親族」あるいは「友人」の役割を果たし得るのである★11。

　ペットを飼うという現象や，人間，特に子どもの社会的，身体的，心理的安寧に動物が果たす役割をテーマとした研究が，ここ20年間で，これまでにないほど増加した★12。ペットを飼うことが子どもに与える影響を検討しようとした研究の大多数は，ペットを飼っている人とそうではない人を横断的に（一時点で）比較したものだった★13。また，子ども時代にペットを飼うことにより得られると想定される効果について，心理尺度により測定し，それらの数値と

現在のペットの飼育率やペットに対する愛着の水準との関連について調べた研究もわずかだがある[14]。それらの研究の知見から、子どもの頃にペットを飼うことが、子どもの自尊心、社会的スキル、共感性に重要な影響を与えることが示唆されている[15]。青年期の子どもにとって、犬、猫、ウサギ、ハムスターのようなペットは好意や愛情を相互にやりとりできる友だちに相当するものだという研究報告がなされており、このような研究によっても、これまでに述べた心理学的効果は説明されている。さらにペットを飼うことは、子どもに友情や責任感を身につけさせる。ただし、表7-1に示すとおり、動物の種類によ

表7-1 青年期の飼い主はペットから何を得ているか

ペットの種類	「友情」と回答（％）	「責任感」と回答（％）
犬	87.8	78.4
猫	57.9	53.8
ウサギ／ハムスター	40.5	41.7
魚／鳥	38.1	35.8
大型動物	17.9	17.5
馬	23.8	13.7

出典　Adapted from Convert, A. M., Whiren, A. P., Keith, J. and Nelson, C. Pets, early adolescence and families. In B. Sussman (Ed.) *Pets and the Family*. New York : Hawarth Press, 1985, pp. 95-108.

って、青年期の飼い主が友情や責任感を感じる程度は異なる。

　しかし、子どもの社会的・心理的安寧、すなわち子どもの発達の質的側面に関する変化と、子どものペット飼育についての因果関係をしっかりと実証した研究はない。子どもの生活にペットが与える影響を調べるためには、前向き研究（訳注：研究開始時点から一定期間にわたって調査対象者（群）を追跡して、ある事象の発生状況を把握する研究法）、または縦断的な研究計画が必要とされる。このような方法を用いた研究はわずかだが、たとえば、施設において、障害のある子どもに、さまざまな動物に短期間「実験的に」ふれてもらうことによる効果を検討したものがある[16]。しかし、このような研究と同様に興味深いのは、普通に暮らしている状況において、ペットが飼い主家族に与える影響に関する研究である。たとえば、成人を対象とした研究では、犬や猫の飼い主は、ペットを飼っていない人よりも、ペットを飼いはじめてから10か月経った後に、身体的・心理的健康状態に関する自記式尺度において顕著な改善が見られたという

ものがある。しかし，同様の効果が子どもにも認められるだろうか？

　ペットが家庭に持ち込まれると，家庭内の雰囲気ががらりと変わる。家族のそれぞれが独自のやり方で動物とふれあうだけでなく，家族のメンバーどうしがペットを介して交流する。まるで，新しい子どもやきょうだいができた時のように，競争意識，独占欲，嫉妬心が芽生えてくる★17。親がうまく動物を飼育できれば，自分の子どもたちに，きょうだいに対するのと同様の感情を感じる機会を提供できる。同様に，家族全体が動物の幸せを願う共同体として，ペットに対して養育的で思いやりのある態度をとるようになり，それは同時に，家族のメンバーの親密度を促進することにつながる。また，ペットの「親」となった子どもは，自分自身の親について，やさしくも，厳しくもある親としてのはたらきについて，より現実的な見方を身につける。このようにペットは，一緒にあそぶ仲間であると同時に，多くの親が教育上有益だと思うものを提供し得るのである★18。

　ある研究者は，ペットは家族という「未分化な自我の集合体」の一部となっていると述べている★19。多くの人は，ペットを家族の一員と見なす★20。ペットを飼っている家族は，たいていの場合，家族の写真を撮る時にペットを入れる★21。家族のメンバーは，おのおの独自にペットにかかわるだけでなく，ペットを介して家族どうしがかかわることもある。ペットが注目の的となり，人間の家族よりもずっと重要な地位についている家もある★22。

　あるアメリカの調査では，9歳から12歳の間に犬を飼いはじめた27人の子どもについて，犬を飼ったことによる影響を調べた。調査の結果，子どもに対するペットの効果は非常に異なることが明らかとなった。犬の存在と，家族のメンバーが一緒に過ごす時間の変化が関連していることを示す結果は得られなかった。犬を飼っている家の子どもは，そうでない子どもよりも，社会性が高く礼儀正しいことが明らかとなった。しかしその違いは，現在は犬を飼っていないが，これから新たに犬を飼う家の子どもについても当てはまっていた。たとえ，はじめから子どもたちの性格に違いがあったにしても，ペットの犬を手に入れた子どもたちは，犬のおかげで友だちの訪問が増えたと述べている。また，ペットを飼っている家族は，ペットを飼いはじめた時期には，家で余暇を過ごす時間が多かったことがわかっている★23。

動物を理解すること

カナダのある研究では，子どもは動物と一緒に育つと，動物をよりよく理解することができると述べられている。彼らは家族のメンバーの一員としてペットを飼った結果，動物の扱いがより上手になり，自信をもつようになる[24]。

責任感をもつこと

ペットを飼育する多くの家庭にとって，ペットは家族の一員と見なされ，人のように扱われ，家の範囲を越えた家族の社会的ネットワークにおいて重要な位置を占めている[25]。ペットの飼い主は，ペットと会話をしているというし，しばしばペットのおかげで新たな友だちができるという。犬を散歩に連れて出ると飼い主どうしが出会い，そこでペットの話をして楽しむからである。

ペットのケアやしつけに責任を十分にもてる年齢となった子どもにとって，ペットの飼育はさまざまな利点がある。ペットは従順な生き物である。ペットは親と違い，子どもに自己の意見を押しつけたりせず，愛情や肯定の気持ちを無条件で示してくれる。つまり，ペットは子どものあるがままを受け入れてくれるのであり，子どもに，こうあってほしいとか，こうなるべきだということは求めない。ペットがこのように完全に受容してくれることによって，子どもは自分の価値を感じることができる。そのような感じは，他の社会的環境からは十分には得られないと思われるものである。

レヴィンソン（Levinson, B.）は，真面目な子どもでさえペットの世話がたいへんになる時期がくるので，子どもには世話の責任は徐々にもたせたほうがよい，と述べている[26]。通常の家庭環境に育った子どもであれば，たいていの場合，ペットの世話の責任を大人の家族と共有することで大きな喜びを得るものである[27]。大切なペットをうまく世話できた時は，自分がペットから必要とされる大事な存在であるという感じをもつだろう。

もし，子どもがペットをしつけて，ペットがなついて，さらに芸まで仕込めれば，子どもは自尊心を高め，有能感を感じるようになるだろう。ペットに対する子どもの成果を親が認めてあげることで，その感覚は特に確かなものとな

る。この種の成功によって、しばしば子どもは何事にも自信をもつようになり、その結果、その子の発達段階に合った他の課題に対しても前向きに取り組めるようになる。子どもがペットを飼育していること、特に芸を覚えていて、忠誠と愛情を率直に示すペットを飼っていることは、友だちからの信望を集めるだろうし、ペットがいるおかげで、友だちから呼ばれることもあるだろう。引っ込み思案な子どもにとって、ペットは他の子どもとうち解けるきっかけにもなる。特に、他の子どもたちの輪に初めて加わる時にはそうである。

　動物と共感的にかかわることは、他の人間と同様にかかわるよい準備となる。また、ほとんど友だちがいないような孤立した場所にいる子どもにとっては、動物とともにいることが、人との友情の代わりになるに違いない。両者が同様の環境でないことは明らかだが、最愛の動物との親交は、子どもの孤独感をずいぶんと癒してくれるだろうし、これから成長する場となる大人の世界が提供するものとは別の心理的影響を子どもに与えるだろう。

　レヴィンソンは、人と動物はともに進化してきたという主張に基づき、「動物との親密さによって、人の疎外感が和らげられる（p.1031）」と結論づけている。レヴィンソンによれば、子どもの共感性、自尊心、自己統制感、自律性は、ペットを育てることで養われるという★28。このことは、子どもに限ったことではない。つまり、どの年代であっても、動物を育てることで得られるものはある。また、子どもにとってペットは、愛情を授受すること、他の生物の安寧に責任をもつこと、動物そのものや動物の行動について理解すること、生と死の概念や、喪失体験への対処方法について学ぶことなど、さまざまな学習経験を与えてくれるという点からみても価値があるといえるだろう★29。

ペットの飼育時期

　ペットの飼育時期が早ければ、その後の人生でペットを飼育する可能性が高くなる傾向がある。大人になってペットを飼う人は、概して、子どもの時にペ

ットとともに育ってきた可能性が高い★30。子ども時代につくられたペットとのよい関係は，生涯忘れないものである。ペットに対する好みも人生の早期に形成される。大人になってから選ぶペットは，子どもの時になかよくなった動物種である傾向がある★31。犬好きの飼い主は，子どもの時は，猫よりも犬を飼っていた可能性が非常に高い。猫好きの飼い主は，子どもの時は，犬よりも猫を飼っていた可能性が高い★32。もちろん，生涯にわたり切れ目なくペットを飼っている人もいる。そのような人はペットがいない時にどうなるかはわからない。そのような人にとっては，人生のさまざまな段階において，動物と暮らした最初の経験が何度も何度も再確認されるだろう。

　どんな種類のペットであろうと，ペットとふれあうのが早ければ早いほど，生涯にわたるペットとの愛情の絆は強くなる。たとえば，6歳未満で初めてペットを飼った人は，10歳以降に飼った人よりも大人になってからの犬や猫のペットに対する態度が積極的であることがわかっている★33。大人になってからのペットとの絆の強さや，ペットに対して愛情を込めてふれあうかどうかは，子どもの時に初めてペットを飼った年齢と直接関係がある。非常に幼い時にペットと固い友情の絆を形成できていれば，大人になってからもペットとの固い絆を形成できる可能性ははるかに高くなる★34。

　ペットを飼っている人と飼っていない人の間では，人口統計学的な変数が交絡しているにせよ，ペットを飼っている人はそうではない人よりも幸せであるということがペットに関する別の調査結果から明らかとなった。ペットによる楽しみと交流が，ペットを飼うおもな理由であった★35。また，子ども時代にペットを飼っていると，大人になってからもペットを飼いたくなるということも確かめられた。ペットを飼っている人の約90%が子ども時代にペットを飼った経験があり，ペットは子どもによいと感じているという結果であった。つまり，子どもの頃にペットとのかかわり方をいったん学んだものは，大人になってからもまた，ペットとのかかわりを楽しむ傾向があるということである★36。

　早いうちからペットについてよい経験をしておけば，その後の人生でも引き続き動物に対して肯定的な態度をとれるようになることは間違いない。それでも，必ずしも動物に対してよい経験ができるとは限らない。犬に噛まれたり，猫に引っかかれたりした人の話を聞けばそれはわかるだろう。幼い時にそのよ

うな出来事が起こると，その出来事がその後の長い間の動物に対する感情を決めてしまう可能性がある。また，動物の中には，ヘビやクモのように，直接接したことがないようなものであっても，根の深い，どうにもできない恐れを引き起こし，恐怖症にまでさせるような生き物もいる。たとえそうであっても，その生き物が怖い原因を理解できれば，子どもの頃にペットと暮らした経験によって，その生き物に対する恐怖心を克服することができるようになるだろう★37。

ペットと子どもの発達

　動物は子どもの発達に重要な役割を果たすことができる。動物の生態にふれる機会がまったくなかった子どもは恵まれないだろうと，ある研究者は述べている★38。動物とかかわることによって，子どもは，広く，深い情緒的経験を得る。このことは，すべての家族がペットを飼うべきだということを意味しているのではない。なぜなら，自然や動物の生態を楽しむ方法はたくさんあるからである。

　合理的な世話をすることや，動物に責任をもつことが必要だという自覚と，動物に対して本当の暖かみを感じることができる能力というものは，過去に動物を飼っていたかどうかで決まるわけではない。本当に家庭にペットを受け入れている家庭の親は，動物の世話の様子を指導し，子どもと動物が親密になりすぎないようにし，動物を近所や地域に自由に外出させないようにするはずである。

　仲間としてペットを飼育することが，子どもに恩恵をもたらすかどうかは，単に飼っている動物で決まるのではなく，子どもと動物との友好関係に対する親の心理学的な認識の度合いに左右される。親が子どもに，子どもの能力を超えた責任を無理やりもたせようとしたり，子どもと動物の関係を壊したり，動物が病気や死を迎えた時，子どもが心配しているのを無視したりするようなら，何もよいことはないだろう。通常，親はペットが死んだ時は子どもを悲しませたままにしておくものであるが，獣医の助けを借りて子どもが悲しみを表現できるようにしたり，動物の死に対して子どもが不必要に罪責感を感じた時に，

それを低減させたりするのはよいことである。

　子どもは，ペットと遊んだり，話しかけたり，なでたりして，自発的にペットと交流する。実際子どもは，受け身ではなく率先してペットとかかわりをもとうとする。犬と子どものコミュニケーションは，犬が子どもを探してというよりも，子どもが犬を探して始まる場合が多い。このようなことは，5歳未満の幼い子どもでさえ認められることである[39]。

　子どもの動物世界への感受性は，読書や読み聞かせによって養われることが多い。そのような空想世界を通して，子どもは，価値観，物事のしくみ，道徳的真理に気づくようになる。さまざまな架空の動物のキャラクターは擬人化されているので，子どもは，動物でも人間でもあるようなキャラクターの特徴に出合うことになる。ルイス・キャロルの『不思議の国のアリス』に出てくるセイウチ，ケネス・グレアムの『川辺にそよ風』のモグラとその仲間たち，C. S. ルイスの『ナルニア国ものがたり』のライオンと数々の神話上のキャラクター，キプリングの『ジャングル・ブック』に出てくるマングースのリッキのようなキャラクターは，人間のような性格特徴をもった架空の生き物として，初めて接するのによいものである。

　子どもが動物の世界に興味をもつだけでなく，動物の行動（それは，暗に類似の人間の行動を示唆している）の道徳的な結末に注意を払うようになるまでが，人と動物の絆を築くうえでの第一段階といえる。動物に対する感受性や鑑賞眼は，『名犬ラッシー』や『名馬フリッカ』のような，より現実的な設定での動物の物語を通してさらに深められる。

　動物に対する子どもの態度は，多くの段階を経て発達することが，研究によって明らかになっている。6歳から9歳までの年代では，動物を知る機会が与えられれば，子どもが動物に示す愛情が顕著に高まる。10歳から13歳までの間には，動物に関する子どもの知識や理解が顕著に増える。13歳から16歳までの間には，環境や生態学的な問題に対する意識が高まる中で，その一部として，動物種に対する倫理的関心も劇的に高まることがはっきりとわかる[40]。

　学校が，現実の動物の世界に対する子どもの理解を助けるようすすめている研究者もいる[41]。学校が，実際の動物の特徴や，自分たちが置かれている環境について教えることで，子どもの理解は補われる。教室や家で動物の世話を

日常的に行えば，子どもは，人間が動物に責任をもつことの初歩を学ぶことができる。温かく，ふわふわとした動物を抱く楽しさを通して，動物とのつながりを知ることができる。このような初期の段階では，子どもが何種類かの動物に実際にふれることが重要である。また，人間社会に対する野生動物の重要性や，野生動物を野生のままにして，ペットにしないようにすることの重要性も早期に示すことが大事である。

ペットとアイデンティティ

児童期または児童期から青年期を通じて，ペットを飼うことは，我々のアイデンティティの形成に一定の役割を果たす。言い換えれば，ペットと暮らすことによって我々自身の性格がより特徴のあるものとなるということである。たとえば，犬のように，親しみや愛情のある関係を築くことができるペットを飼うことにより，飼い主自身の自己評価が高まる。飼い主は，ペットに愛情を与え，それを喜んで受け入れてもらえるだけでなく，忠実なペットから無条件の愛情を受けることができることに気づくだろう★42。愛情の授受ができることは，健康的な自己概念の発達にとって重要な要素である。自己評価が高まり，自分自身が愛される存在だということを知ることは，人生全般に対する自信を与えてくれる。

ただし，ペットを飼うことが青年期の共感性や対人関係の信頼感に影響を与えることを支持する実証結果は報告されているものの，同じ研究において，自尊心について統計的に有意な関連は認められていない★43。

特に青年期においては，ペットは幼児にとっての毛布やテディ・ベアのような移行対象（訳注：乳幼児が，母親との分離期に愛着を寄せるようになる無生物の対象のこと）としての役割を果たす。移行対象としてペットは，親がいない時でも安心感を与えてくれるものである。ペットは，年長の子どもの移行対象としては，無生物の対象よりも社会的に受け入れられやすい。青年期には，ペットとの関係が変化するが，それはたいていの場合，ペットが移行対象としての役割を果たすようになったことを示すものである。この時期には，ペットは，親友にも，愛情対象にも，保護者にもなれば，社会参加を促進する役割や，ステータスシ

ンボルとしての役割も果たす★44。さらに，子どもとペットの関係は，ペットが生物である特徴によって高められる。子どもとペットとの間で，密接で，思いやりのある愛着行動が起こることによって，互恵的な関係が強固に形成される★45。その関係は，人間どうしの関係よりもより率直なものであり，葛藤の少ないものである。

他の移行対象の場合と同様に，動物と子どもの間で共有される行動の多くは直接のふれあいであり言語を介したものは少ない。人間との関係であれば，関係がうまくいかなくなる不安があるのに対し，ペットとの関係ではそのような不安もなく，子どもが求めている身体的なふれあい欲求を満たすことができる。ペットは特別な友だちとなり得るし，その友情は常にしっかりした信頼に足るものとなる★46。

子どもとしてのペット

アイデンティティが発達するとは，役割に伴う責任や期待を理解できるようになるために，さまざまな家庭や社会での役割を区別できるようになることでもある。子どもからみれば，ペットが「子ども」の立場を占領してしまうことが時どきある。そのような時は，子どもは「親」の役目をしてみようと試みる。まだ3歳の子どもにおいてであっても，ペットによって母親的な行動が引き出された，と述べる研究者もいる★47。また，子どもとペットの間に生じる通常の行動の多くは，親子関係に似ていて，動物はそこで幼児に近い行動をしていると述べる研究者もいる★48。

子どもは無意識に，ペットを自分自身の延長と見なしているので，自分自身がされたいのと同じようにペットを扱う。この過程は，子どもが子どもの状態から離れることを学ぶための方法の一つと考えられていて，モリス（Morris, D.）によって「子どもが示す親らしい態度」とよばれている★49。

たとえばある本では，金魚をなでる癖があるために精神医学的なケアを求められた，5歳の精神的に不安定な男児の症例について論議されている。この男児は，金魚をなでることによって，自分が金魚を世話しているという感覚だけでなく，自分も世話されていると感じることができた。徐々に，彼はその愛情

を犬に向けることができるようになり，親のような養育的態度が認められるようになり，彼は以前よりも自信をつけて施設を出た★50。

また，ペットが象徴的に理想的な自分自身の代わりとなっている9歳の少女の例についても報告されている。この例では，少女が病気のペットの世話をし，治るまで看病したのだが，そのペットの姿は，彼女が憧れていた，「世話をされ，保護され，愛される子どもの姿」を象徴するものだった。その少女の母親は，外見ばかりを気にするような虚栄心の強い女性で，母性本能の大半を娘よりもペットにふり向けるような人だった。ペットに対する少女の行動は，彼女の母親に「十分な」育児の見本を示そうとする無意識的な努力の現れといえるものだった★51。

子どもの中には，適切な世話ができない親や，感情的な問題があるために愛情を示すことができない親のもとで成長する者もいるが，それでも子どもたちは動物に対して愛情を示すことができるのである。だから子どもは，「もし自分が動物だったら親の愛情を受けることができるのに」と思いながら成長するのである★52。このような動物への同一視が極端になった事例として，7歳の子どもの例が紹介されている。彼は自尊心が非常に低かったのであるが，猫に強い同一視を示し，その結果精神科医に向かってミャーと鳴いたという★53。

親としてのペット

子どもが歳をとるにつれて，ペットは理想的な母親のような特徴を帯びるようになると考えられている★54。ペットは献身的で，誠実で，思いやりがあり，ペットとのコミュニケーションの大半は非言語的なものである。これらの特徴は，母親との初期の象徴的な関係に関するすべての特徴を表している。発達的な観点から見れば，幼児期の主要な発達課題は，母親との初期の象徴的な関係から離れて，分離―個体化した自我を築くことである★55。このような分離―個体化の過程で「分離不安」の感情が生じる。それは，人生を通じて生じるものであり，喪失といったストレスフルな体験をしている時や，新しい経験をしている時に特に感じるものである★56。

ペットと家族のアイデンティティ

　ペットを飼っている家の子どもは，動物や動物に関連する事柄に対してより広く興味を示す。彼らはペットを飼っていない家の子どもよりも，動物についての知識があり，動物の登場する物語を楽しみ，動物についてのTV番組をよく観て，サファリ・パークによく行っている★57。ペットを飼っている家の子どもは，飼っていない家の子どもに比べ，家族構成のとらえ方も異なっている。既に述べてきたように，ペットの飼い主は，しばしばペットを家族の一員と見なす。この考えが，子どもが家族をとらえる時に表面化する。実際のところ，子どもは他の家族のメンバーよりも，ペットのほうが親しいと考えることがある。

　自分と自分の家族の絵を描くようにいわれると，子どもはペットを，他の家族のメンバーよりも，自分の近くに描くことがある。この理由の一つは，子どもにとって，ペットとの関係は，他の家族メンバーとの関係よりも，うち解けていて，複雑さを感じないからかもしれない。ペットは説教をしたり，批判したり，行動を変えるように求めたりしない。ペットは，遊び相手や仲間でいてくれて，無条件に愛情のやりとりができるし，飼い主を常に熱狂的に迎えてくれる★58。この研究では，描画上の関係の近さについては，犬と猫では違いが認められなかった。このことは，ペットとの親密さは，動物一般の特徴によって生じるものであり，ある動物種に特有の特徴によって生じるものではないことを示している。

　描画における自己と他者との距離は，幼い子どもでは年長の子どもよりも離れている。さらに，幼い子どもは，自分とペットの間に家族を入れて，ペットと自分を離して描く。年長の子どもはそのようなことはしない。また，幼い子どもは年長の子どもよりもペットを自分から離して描く傾向もある。幼い子どもは家族と離れること，たいていは母親と離れることを不安に思うために，絵の中で自分を母親の近くに描くのかもしれない。さらに，ペットとの関係はよくても，まだ十分にしつけられていない動物に対しては不安をいだくようになるような子どももいるかもしれない。また，犬と猫が子どもの自己像と等距離

に描かれているのに対し，ペットの魚は遠くに描かれる傾向がある。それは魚が，犬や猫に比べて親密な愛情をもたれていないことを示している。

子どもが好むのはペットのどのような特徴か？

既に見てきたように，子どもはペットからさまざまな形で喜びを得る。しかし，愛情を与えてくれる対象，遊び相手，といった一般的なことは別として，ペットには，子どもをふり向かせるどのような物理的な特徴があるのだろうか？ 生後6か月から30か月の幼児を対象としたおもしろい研究がある。その研究では，幼児が本物の犬のように吠えたり動いたりするおもちゃの犬，なでると喉を鳴らしたりミャーと鳴くおもちゃの猫，本物のペット動物の3つに対してどのように反応するかを観察した。研究者の興味は，幼児がどのような特徴に最も反応するかということだった。幼児は，触覚的特徴，音，動きのほか，どうような特徴が原因でペットを好きになるのだろうか？ まず，わかったことは，早くて1歳から，生きたペットまたはおもちゃの動物に対して，愛着を示すということであった。男女ともに犬は猫よりも概して好まれる傾向があったが，男児は女児よりも愛着行動を示した★59。

仲間としてのペットの役割

仲間としてのペットの役割についての，子どもの認識の程度については，いくつかの観点から検討がなされている。11歳から12歳の子どもでは，仲間としてのペットの役割が重視される可能性が特に高かった★60。彼らより少し若い，7歳から10歳の子どもでは，家で飼っている犬は，特別な友だちと見なされる傾向があった★61。要するに，前青年期の子どもは，飼っている犬を人間のように見なしていて，動物から自分はとても好かれていると考えていた★62。

青年期の前期になると，ペットを「自分を評価し，満足させてくれる存在」

と見なすようになることがわかった[★63]。たとえば，放課後の電話相談に電話をしてきた鍵っ子の子どもを対象とした研究では，ペットとの交流が孤独と退屈に対処するための重要な資源であることが明らかとなった[★64]。

前青年期では，ペットとの友情が特に重要であることが示唆されてきた[★65]。前青年期，すなわち9歳から14歳にかけての時期は，児童期から青年期の移行期にあたる[★66]。前青年期の子どもは，これからやってくる青年期の要求に備える時であり，友だちはますます重要になってくるので，彼らは，共感的で支持的な友情を仲間集団に求める[★67]。前青年期の子どもは，自分にとって必要と思う同性の友だちを一般的に選ぶ傾向がある。しかし，その友情関係が不十分である場合には孤独や孤立を感じることもある。

前青年期における，子どもとペットとの友情関係についてさまざまに調査した結果，子どもはペットを仲のよい友だちと見なしていることが明らかになった[★68]。つまり，一般的に，ペットを好意的にみているということである。ペットとの友情関係は，「情緒的な互恵関係」および「世話することへの責任」という2つの要素から成り立っている。友情の深まりを示す重要な反応として，「大好きだよ」「愛しているよ」という強い愛情表現が認められる。また，ペットに情緒的にのめり込み，楽しく交際ができるようになってきた時には，「君っておもしろいねえ」「君と過ごすのが楽しいよ」「君と遊ぶのが好きだ」といった発言が現れる。前青年期の子どもが，世話への責任を感じはじめた時は，「君の世話は僕がするよ」「僕が守ってあげる」といった発言が認められる。

ペットは家族の誰のものか？

ペットの所有に関する考え方は，家によって異なる場合がある。ペットはみんなのものとする家もあれば，おもに，ある家族一人のものとする家もある。ペットを「所有物」と考えることが，ペットを「家族の一員」とする考え方にあわないとする家もある。この問題に焦点を当てようと試みた研究がある。その研究では，アメリカの犬を飼っている家庭を対象に調査を行い，親と子どもに回答を求めた。調査票が回収された31家庭のうち，7家庭では，犬は子どものものとされたのに対し，21家庭では，犬は概して家族のものと述べられてい

た。子どもの調査結果では，大部分の子ども（20人）が，犬を仲間または友だちと考えていたが，一方，少数の子ども（6人）は，ペットである動物を，愛情をやりとりする対象と記述していた。およそ半数の家庭で犬は子ども部屋で寝ていた。

家族の中で，犬に最も近い人物が誰かを決めるもう一つの指標は，犬と過ごす時間の長さである。調査結果では，大半の子どもが他の家族メンバーよりも頻繁に犬と遊んでいた。しかし，人と動物の間のもう一つの重要な関係，つまり，餌やりの時間という点でみると，一般的に犬に餌をやっているのは母親であった。しかし，31家庭のうち23家庭において，犬のしつけはおもに子どもが行っていた。したがって，犬と遊び，犬をしつけ，犬に話しかけることを通して，子どもは犬との間に固い愛情の絆をつくっていることが明らかとなった。犬は，愛情を相互に与え合う大切な仲間と見なされていることがわかった★[69]。

子どもとペットに関する問題行動

子どもが，理解や愛情を求める場所が他になく，おそらくは孤立，孤独，抑うつの状態に陥っている場合に，通例，ペットとの間で望ましくない愛着関係が形成される。子どもがペットとの友情関係を強く求めすぎて，時にはそれが，精神病理的なレベルといえるほどになってしまうことがある。そのような場合，たとえば，ペットが死ぬと子どもは現状を認めず，ペットはもう帰ってこないということを受け入れようとしない★[70]。

このような状況では，通常の愛着関係の形成がうまくいかず，不安定な愛着関係や，強迫的なまでに動物を世話するような関係ができあがってしまう。子どもが親との情緒的な絆をつくることができなかった場合や，親が子どもを拒絶していると感じられる場合には，親への愛着感情が置き換えられ，ペットに激しく向かうことになる。その後，そのようなペットと離別・死別した時には，複雑な精神医学的反応が生じることになる★[71]。

同様に，精神病理的レベルといえる反応で，かなり異なった反応が生じることがある。それは，子どもが動物に恐れを感じる場合である。動物に対する恐怖感というのは，まさに現実的なものである。したがって，猫，犬，その他の

動物を怖がっているからといって，子どもを責めてはいけない状況はたくさんあるのである。実際子どもは，たとえば動物に噛まれるといったような，非常に混乱するような体験をしているのだから。しかし人に害を与えない犬さえも子どもが見るのを怖がって学校に行けないとか，仔猫がいるだけでもパニックを起こすという場合には，その恐怖は常軌を逸したものであり，それが恐怖症になる可能性は高いといえる。

子どもと動物虐待

　子どもの情緒的障害が動物虐待の形をとることもある。バン・ローウェン (Van Leeuwen, J.) は，小動物に対するぞんざいな扱いは，ある程度のレベルならば障害とは必ずしもいえないし，子どもが幼く，動物に不慣れな場合は特にそうだと述べている。しかし，動物に火をつけたり，動物どうしの尾を結んだり，ペットを殺したりといった行為が見られたら，それは問題が確実に生じていることを示すものであり，当然，精神医学的な診断を行うべきである。なぜなら，そのような行為は，子どもが必死で助けを求めていることを示すものだからである[72]。

　オランダの児童精神科医は，9歳の少年の事例について詳しく述べている。彼は，知能は正常であったが，幼児の口に砂を詰めたり，自分のペットであるラットの尾を切り取ったり，犬を虐待したり，猫を絞め殺そうとしたり，弟の指にピンを刺したり，モルモットの髭を剃ったりした。実は，彼は自分の筋力が弱まっていることに怒っていた。というのも，その筋肉の症状は，約10年で死に至る，緩慢に進行する病気の最初の兆候であったからだ[73]。

子どもに対するペットの治療的利用

　ペットはさまざまな仕方で子どもの精神的な欲求を満たすことができる。まず，ペットは，積極的で活発なあそび相手である。子どもは，ペットとあそぶことで，うっ積したエネルギーを発散できる[74]。一般的に，よく体を動かす子どもは，そうでない子どもよりも，緊張が少ない。また，ペットは，子ども

7 ペットは子どもによい影響を与えるか?

に安心感を与えてもくれる。不安の強い子どもが，動物がいなければ怖くて進めなかったような新しい状況に対しても，動物がいることで前進できるようになる可能性が高くなる。ペットは子どもが友だちをつくる手助けもする。新しいペットは，他の子どもにとっては興味の的だからである。また，他の同世代の子どもと接触する機会がほとんどない状況に置かれた子どもにとっては，ペットは友だち代わりとなる。ある研究では，子どもは面接に対してこう答えている。「ペットはきょうだいのいない子どもにとって特に大事だと思うよ。動物と親しくなれば，お互いに愛し合うことができるようになるんだから」[75]。

治療場面においても，ペットの存在が有用であることがわかっている。子どもは，治療者が連れてきた犬によって，リラックスして，快適さを感じることが明らかとなっている[76]。動物がいなければ話したがらないような内気な子どもも，動物によってうち解けることがある。子どもは，治療者—患者間での身体的なふれあいをしなくとも，動物との身体的なふれあいを通して，相互の愛情を感じ取ることができることもある。

あるセラピストは，11歳の少女の事例について述べている。彼女は父が死んでひどく動転し，誤って自分が原因で父が死んだと思い込んでしまった。母親はセラピストの助言によって犬を飼い，少女はその犬をとても愛するようになった。しかし，悲しいことに，犬は飛び出して事故死してしまった。少女は犬の死をとても悲しんだが，この経験を通して，父の死についても悲しむことができるようになった。つまり，今回の犬の死によって，彼女は死に伴う抑うつ感情を克服することができたのである[77]。

ペットは子どもにさまざまなよい影響を与えることができる。家庭においては，ペットは子どもが頼りにできる仲間となる。ペットは，孤立した子どもの相手になったり，子ども集団の注目の的となって，他の子どもと友だちになるのを助けてくれたりする。ペットは，人間の発達に重要な役割を果たす可能性がある。ペットは，子どもに責任をもつことを教えてくれるし，死の概念について考える機会を与えてくれる。治療場面では，動物は他のやり方ではうまくいかないような場面において成果をあげてくれる。子ども時代の早い時期にペットにふれておくことは，ペット全般に対する肯定的な態度の基礎をつくり，そういう経験がある者は，大人になってからペットを飼う可能性が高くなる。

次章では，視点を変え，人生の晩年におけるペット飼育の効果や，動物とのふれあいの効果について考察する。

🐾 引用文献 🐾

〈*マークの文献は邦訳あり，巻末リスト参照〉

1 Levinson, B.M. Pets and personality development. *Psychological Reports*, 42, 1031–1038, 1978.
2 Veevers, J.E. The social meaning of pets: Alternative roles for companion animals. In B. Sussman (Ed.) *Pets and the Family*. New York: Haworth, pp. 11–130, 1985.
3 Bossard, J.H. Domestic animals: Their role in family life and child development. In J. Bossard (Ed.) *Parent and Child: Studies in Family Behaviour*. Philadelphia: University of Pennsylvania Press, pp. 236–252, 1953.
4 Schowalter, J.E. The use and abuse of pets. *Journal of the American Academy of Child Psychiatry*, 22, 68–72, 1983.
* 5 Fogle, B. *Pets and Their People*. Glasgow: Williams, Collins, Sons, 1983.
6 Godwin, R.D. Trends in the ownership of domestic pets in Great Britain. In R.S. Anderson (Ed.) *Pets, Animals and Society*. London: Bailliere Tindall, pp.96–102, 1975. Griffiths, A.D. and Brenner, A. Survey of cat and dog ownership in Champaign County, Illinois. *Journal of the American Veterinary Medical Association*, 170(11), 1333–1340, 1977. Messent, P.R. and Horsfield, S. Pet population and the pet owner bond. In *The Human–Pet Relationship*. Vienna: IEMT [Institute for Interdisciplinary Research on the Human–Pet relationship], Austrian Academy of Sciences, pp. 9–17, 1985.
7 Salomon, A. Montreal children taking the test of animal affinities. *Annals of Medical Psychology*, 140(2), 207–224, 1982. Kidd, A.H. and Kidd, R.M. Children's attitudes about pets. *Psychological Reports*, 57, 15–31, 1985.
8 Macdonald, A. The pet dog in the home: A study of interactions. In B. Fogle (Ed.), *Interrelations between People and Pets*. Springfield, IL: Charles C. Thomas, 1981. Solomon, A., 1982, op.cit.
9 Levinson, B.M. Pets: A special technique in child psychotherapy. *Mental Hygiene*, 48, 243–244, 1964. Levinson, B.M. Household pets in residential schools: Their therapeutic potential. *Mental Hygiene*, 52, 411–414, 1968.
10 Bridger, H. The changing role of pets in society. *Journal of Small Animal Practice*, 1876, 17, 1–8.
11 Macdonald, A., 1981, op.cit.
12 Covert, A.M., Whiren, A.P., Keith, J., and Nelson, L. Pets, early adolescents and families. In B. Sussman (Ed.) *Pets and the Family*. New York: Haworth Press, pp. 95–108, 1985. Bergeson, F.S. The effects of pet-facilitated therapy on the self-esteem and socialisation of primary school children. Paper presented at Monaco '89 5th International Conference on the Relationship Between Humans and Animals, 1989. Paul, E.S. and Serpell, J.A. Why children keep pets: The influence of child and family characteristics. *Anthrozoos*, 5(4), 231–244, 1992.
13 Covert, A.M. et al., 1985, op.cit.
14 Poresky, R.H. and Hendrix, C. Developmental benefits of pets for young children. Paper presented at the Delta Society 7th Annual Conference *People, Animals and*

  the Environment: Exploring Our Interdependence, 1988.
15. Covert, A.M. et al., 1985, op.cit. Poresky, R.A. and Hendrix, C., 1990, op.cit.
16. Bailey, C.M. Exposure of pre-school children to companion animals: Impact on role taking skills. *Dissertation Abstracts International*, (8-A), 48, 1988. Mader, B., Hart, L.A. and Bergin, B. Social acknowledgements for children with disabilities: Effects of service dogs. *Child Development*, 60, 1529–1534, 1989.
17. Cain, A.O. A study of pets in the family system. In A.H. Katcher and A.M. Beck (Eds) *New Perspectives on Our Lives with Companion Animals*. Philadelphia: University of Pennsylvania Press, 1983.
18. Pedigree Petfoods. *Pet Ownership Survey*. Leicester, Melton Mowbray: Author, 1977.
19. Bowen, M. Family psychotherapy with a schizophrenic in the hospital and in private practice. In I. Borzormenyi-Nagy and I.C. Framo (Eds) *Intensive Family Therapy*, New York: Harper & Row, 1965.
20. Cain, A.O., 1983, op.cit.
21. Ruby, J. Images of the family: The symbolic implications of animal photography. In A.H. Katcher and A.M. Beck (Eds) *Perspectives on Our Lives with Companion Animals*. Philadelphia: University of Pennsylvania Press, 1983.
* 22. Levinson, B.M. *Pet-oriented Child Psychotherapy*. Springfield, IL; Charles C. Thomas, 1969.
23. Cain, A.O., 1983, op.cit
24. Salomon, A. 1982, op.cit.
25. Cain, A.O. A study of pets in the family system. *Human Behaviour*, 8(2), 24, 1979.
26. Levinson, B.M. *Pets and Human Development*. Springfield, IL: Charles C. Thomas, 1972.
* 27. Robin, M., ten Bensel, R., Quigley, J., and Anderson, R. Childhood pets and the psychosocial development of adolescents. In A.H. Katcher and A.M. Beck (Eds) *New Perspectives on Our Lives with Companion Animals*. Philadelphia: University of Pennsylvania Press, pp. 436–443, 1983.
28. Levinson, B.M. Pets and personality development. *Psychological Reports*, 42, 1031–1038, 1978.
29. Blue, G.F. The value of pets in children's lives. *Childhood Education*, 63, 84–90, 1986.
30. Kidd, A.H. and Kidd, R.M. Factors in children's attitudes towards pets. *Psychological Reports*, 46, 939–949, 1980.
31. Serpell, J.A. Childhood pets and their influence on adults' attitudes. *Psychological Reports*, 49, 651–654, 1981.
32. Kidd, A.H. and Kidd, R.M. Personality characteristics and preferences in pet ownership. *Psychological Reports*, 46, 939–949, 1980.
33. Poresky, R. Analysing human–animal relationship measures. *Anthrozoos*, 2, 236–244, 1989.
34. Poresky, R., Hendrix, C., Mosier, J. and Samuelson, M. The companion animal semantic differential: Long and short-form reliability and validity. *Educational and Psychological Measurement*, 48, 255–260, 1988.
35. Horn, J.C. and Meer, J. The pleasure of their company. *Psychology Today*, August, 52–57, 1984.
36. Brickel, C.M. Pet-facilitated psychotherapy: A theoretical explanation via attention

shift. *Psychological Reports*, 50, 71–74, 1985.
37 Bowd, A.D. Young children's beliefs about animals. *Journal of Psychology*, 110, 263–266, 1982.
38 Van Leeuwen, J. A child psychiatrist's perspective on children and their companion animals. In B. Fogle (Ed.) *Interrelations Between People and Pets*. Springfield, IL: Charles C. Thomas, 1981.
39 Filiatre, J.C., Millot, J.L., and Montinquer, H. New findings on communication behaviour between the young child and his pet dog. In *The Human–Pet Relationship*. Vienna: IEMT, Austrian Academy of Sciences, 1985.
40 Kellert, S.R. and Westervelt, M.O. Attitudes toward animals: Age-related development among children. In R.S. Anderson, B.L. Hart and L.A. Hart (Eds) *The Pet Connection*. Minneapolis: University of Minnesota Press, 1983.
41 Busted, L.K. and Hines, L. Historical perspectives of the human–animal bond. In R.K. Anderson, B.L. Hart and L.A. Hart (Eds) *The Pet Connection*. Minneapolis: University of Minnesota Press, pp. 241–250, 1984.
42 Davis, J.H. Preadolescent self-concept development and pet ownership. *Anthrozoos*, 1, 91–94, 1987.
43 Hyde, K.R., Kurdek, L. and Larson, P. Relationships between pet ownership and self-esteem, social sensitivity and interpersonal trust. *Psychological Reports*, 52, 110, 1983.
44 Fogle, B., 1983, op.cit.
*45 Bowlby, J. *Attachment and Loss*, Vol I: *Attachment*. London: Hogarth Press, 1969.
46 Levinson, B.M., 1969, op.cit.
47 Fogle, B., 1983, op.cit.
*48 Beck, A. and Katcher, A. *Between Pets and People: The Importance of Animal Companionship*. New York: G.P. Putnam & Sons, 1983.
*49 Morris, D. *The Naked Ape*. New York: McGraw-Hill, 1967.
50 Schowalter, J.E., 1983, op.cit..
51 Sherick, I. The significance of pets for children. In *Psychoanalytic Study of the Child*, 36, 193–215, 1981.
*52 Searles, H.E. *The Nonhuman Environment*. New York: International University Press, 1960.
53 Kupferman, K. A latency boy's identity as a cat. *Psychoanalytic Study of the Child*, 32, 193–215, 1977.
54 Beck, A. and Katcher, A., 1987, op.cit.
*55 Erickson, E. *Identity and the Life Cycle*. New York: W.W. Norton, 1980.
56 Perin, C. Dogs as symbols in human development. In B. Fogle (Ed.) *Interrelations Between People and Pets*. Springfield, IL: Charles C. Thomas, 1983.
57 Kidd, A.H. and Kidd, R.M. 1990, op.cit.
58 Kidd, A.H. and Kidd, R.M. Children's drawings and attachments to pets. *Psychological Reports*, 7791, 235–241, 1995.
59 Kidd, A.H. and Kidd, R.M., 1987, op.cit.
60 Solomon, A. Animals and children: The role of the pet. *Canada's Mental Health*, June, 9–13, 1981.
61 Bryant, B.K. The relevance of family and neighbourhood animals in social-emotional development in middle childhood. Paper presented at the Delta Society

International Conference *Living Together, People, Animals and the Environment*, Boston, MA, 1986.
62 Davis, J.H., 1987, op.cit.
63 Juhasz, A.M. Problems toward animals: Age-related developments among children [Cited in David and Juhasz]. In M.B. Sussman (Ed.) *Pets and the Family*. New York: Howarth Press, pp. 79–94, 1985.
64 Gurney, L. An investigation of pets as providers of support to latchkey children. Unpublished manuscript, 1987, cited by Davis, J.H. and Juhasz, A.M. The preadolescent/pet friendship bond. *Anthrozoos*, 8(2), 78–82, 1995.
65 Levinson, B.M., 1972, op.cit.
66 Thornburg, H.D. Early adolescents: Their developmental characteristics. *The High School Journal*, 63, 215–221, 1980.
67 Youniss, J. *Parents and Peers in Social Development*. Chicago: University of Chicago Press, 1980.
68 Davis, J.H. and Juhasz, A.M. The preadolescent/pet bond and psychosocial development. In M.B. Sussman (Ed.) *Pets and the Family*. New York: Haworth Press, pp. 79–94, 1985.
69 Macdonald, A. The pet dog in the home: A study of interactions. In B. Fogle (Ed.) *Interrelations Between People and Pets*. Springfield, IL: Charles C. Thomas, 1981.
70 Keddie, K.M.G. Pathological mourning after the death of a domestic pet. *British Journal of Psychiatry*, 131, 21–25, 1977.
71 Rynearson, E.K. Humans and pets and attachment. *British Journal of Psychiatry*, 133, 550–555, 1978.
72 Hellman, D.S. and Blackman, N. Enuresis, firesetting and cruelty to animals: A triad predictive of adult crime. *American Journal of Psychiatry*, 122, 1431, 1966. Justice, B., Justice, R. and Kraft, I.A. Early warning signs of violence: is a triad enough? *American Journal of Psychiatry*, 131, 457, 1974.
73 Van Leeuwen, J., 1981, op.cit.
74 Feldman, B.M. Why people own pets. *Animal Regulation Studies*, 1, 87–94, 1977.
75 Robin, M. et al., 1987, op.cit.
76 Levinson, B.M., 1969, 1970, op.cit.
77 van Leeuwen, J., 1981, op.cit.

第8章
ペットはいかにして人の若さを保つのか？

　ペットが高齢者のコンパニオン（伴侶）であることを示す逸話は豊富にある。末期癌の患者の生活や老人病棟にいる患者の生活にペットを導入することにより，社会的にも心理的にも大きな影響がもたらされることを示す観察研究がいくつかある★1。年金受給者を対象に行った研究では，鳥を飼わせた場合，植物を育てさせた場合に比べてよい心理的効果があったという報告がある★2。しかし，少なくともある一つのコンパニオン・アニマル・プログラムの評価では，ペットを取得した人がそうでない人と比較して明白な利益があることを示すことはできなかった★3。それでも，ペットに対して愛情を見せたペット所有者には，モラールが高まるという実際の効果が見られた。

　高齢のペット所有者の調査では，ペットは身体的・情緒的健康感に効果があると思われていることが示されている。この効果は主として，おそらく体の調子が悪かったり，障害があるためにあまり動き回ることができない人々のモラールを高めることによって機能するのだと思われる★4。ペットは飼い主にストレスがある時に助けとなるのだろう。高齢者の研究からは，ペットを飼っている人は飼っていない人に比べて，ストレスの原因となる多くのライフイベントに苦しんでいる場合でも，医者に助けを求めることが少ないことが明らかになっている。犬は特に効果的なストレス緩和剤であることがわかっている。犬の飼い主はペットとのコンパニオンシップ（親交）を楽しみ，忠実な友人から支えと慰めをもらい，ペットの散歩に伴う運動から恩恵を受けることができる

のである★5。

　ペットが高齢者によい効果をもたらすことを示す証拠は，2つの主要な研究の流れから得られている。その一つが，自立して自宅暮らしをしている高齢者の身体的・精神的健康にペットがどのような効果があるかを調査したものである。もう一つは，施設に暮らす高齢者を対象とした，ペット飼育プログラム（pet residential programme）またはペット訪問プログラム（pet visitation programmes）の導入から得られた証拠である。施設に入居していない高齢者には，ペットは社会的な利益や，気分の高揚あるいは平均寿命の延長という利益をもたらすことが見いだされている。

ペット所有の社会的効果

　ペット所有には，身体的・情緒的な利益をもたらす機能だけではなく，社会的な機能がある。たとえば，一部の人々にとっては，社会的ステータスの高いペットを飼うことが，飼い主自身の社会的ステータスを表すものとなっている。さらに，ペットを飼うことによって，他者との会話の話題が増える可能性がある。特に，他のペットの飼い主たちとは社会的ネットワークをつくり上げることができるかもしれない★6。高齢者は，自宅に一人で暮らしているか特別な住居で同年代の人と一緒に暮らしているかにかかわらず，ペットを飼う主要な理由として動物が与えてくれるコンパニオンシップをあげることがよくある。しかし，自分で自分のペットの世話をするのと他の人のペットが訪ねて来てくれるのとどちらを好むかは，その人がどこに住んでいるか，そしてどのくらいの広さの家に住んでいるかによって異なる。ペットの世話に直接かかわるかどうかもまた，高齢者の身体的健康に左右される★7。また一方で，もう一つの重要な要因として，高齢者が若い時に長期間にわたる動物とのふれあいをどの程度楽しんできたかということがあげられる。若い時に楽しんだ人ほど，もう一度自分でペットを飼うことに乗り気になる。高齢者の多くが，なんらかの形で動物とのふれあいを維持することに関心があることは確かであった。しかし，彼（女）らは自分が主要な世話人として責任をもちたくはないのである。自分自身でペットの面倒をみるのは実質的には困難であるにもかかわらず，多くの

高齢者にはなんらかの形で直接動物と接していたいと思う根強い傾向が見られる。

　ペットは高齢者の社会的相互作用において，中心的な役割を果たすことができる。アメリカにおける65歳から78歳の人を対象にした研究からは，ペットである犬が飼い主の会話の焦点となることがよくあることが明らかになっている。その研究では，高齢の飼い主の犬の散歩中の会話が観察された。飼い主は，一人の時や他者がいる時に自分の犬に話しかけており，他者には常に自分の犬のことを話していた。犬に話しかけている時，飼い主は頻繁に自分の言っていることをくり返していた。通りがかりの人が加わって，同じように犬に話しかけており，そうした会話が社会的に容認されていることが確認された★8。

　ペットは高齢者の社会的孤立感（social isolation）を緩和，正常化させるのに役立っているのかもしれない。ニュージーランドの高齢女性の研究では，ペットの猫との交流が他者との交流の一部を代替することで，孤独感を軽減させていた★9。アメリカのロードアイランド州では，ペットへの愛着は，配偶者と死別した人や一度も結婚したことがない人で特に高かった★10。いくつかの北アメリカの研究では，ペットを飼っていることやペットへの愛着が，身近な人との死別時の身体的・感情的健康の維持に関係していることが明らかになっている★11。

　イギリスで行われた研究に，研究者が一人暮らしの高齢年金受給者数名に小鳥または植物を渡して育てさせたというものがある★12。その研究では，小鳥を渡された人が6人，ベゴニアを渡された人が6人，何も渡されなかった人が6人いたが，それらの人々の他者への態度や自分の心理的健康に対する態度の変化が比較された。小鳥を与えられた人には，5か月の観察期間の間に，健康状態の改善が見られた。それとは対照的に，他の2つのグループでは健康に変化は見られなかった。

　アメリカの田舎に住む高齢の飼い主のペットに対する満足度調査からは，コンパニオン・アニマルは一部の高齢者にとってより多くの利益があることが明

らかになった。ペットを所有すること自体が高齢者の身体的・感情的健康にどのくらい重要かを判断する際には，性別，経済状態，婚姻状態，ペットへの愛着度などの要因かすべて考慮されなければならない[13]。この点をさらに明らかにしようとしたオーストラリアの調査からは，離婚した人，別居している人，死別した人，子どものいない人――すなわち，標準的な家族ネットワークが欠如している人――は，その他の家族のライフサイクル段階にいる犬の飼い主に比べて，より多くの要求がペットの犬によって満たされていた[14]。

ペットを飼っていない人は配偶者を失った後に健康状態の悪化を訴えたが，犬との絆を形成している飼い主の場合は，健康状態がおおむねよければ，そうした健康状態の悪化は見られなかった[15]。最近配偶者を亡くし，かつ親友がほとんどあるいはまったくいない高齢者の中でも，特に親密な愛着をいだいている飼い主は，抑うつの程度が比較的軽かった[16]。

高齢者が社会的孤立の危険にさらされていることを示す事実として，研究者たちはニューヨークシティでは高齢者が医者からあまり好意的ではない扱いを受けることを明らかにしている[17]。アメリカには，秘密を打ち明けて相談できる友人がいない高齢者がいる[18]。92人の高齢者と犬の関係に関するある研究では，大多数の高齢者（男女とも）にとって犬が唯一の友人であることが明らかになった[19]。

その他の研究では，ペットは社会的交流を刺激するというはっきりとした証拠が得られている。ロンドン・パークで犬を散歩する人々を対象にした研究では，犬がいることで他者が親しげに近づいてくる回数が著しく増加することが示された[20]。アメリカの車椅子を利用する大人や子どもは，サービス・ドッグ（service dog）を連れていると他者からの会話がより多くなった[21]。こうした社会化は，高齢者を含め，無視や拒絶をされがちな孤立感をもつ人たちにとっては最も価値のあるものだろう。

犬との散歩は，高齢者の生活においては毎日恒例の出来事であり，日々心待ちにするものを与えてくれるものである。散歩では同じ道順をたどり，同じ人々に出会う。そこで出会う人々とはたいてい友だちになる。犬に話しかけたり，犬のことを話したりしている時，飼い主や通りすがりの人にとって犬は手近な安心できるコンパニオン（仲間）であり，会話の対象である。ウサギやカ

メなどの小動物でさえ，近づいてくる見知らぬ人とのおもな話題になる[22]。

犬は，人との社会的接触を促進するものであることに加えて，事実上いつでも相手になってくれる意欲的なコンパニオンでもある。ある研究者は，ペットがどのように人の社会的相互作用に影響を及ぼすのかについて，7つの可能性——①社会的判断の根拠，②嫉妬や自尊心の源，③目新しさ，④生得的解発機構（訳注：動物に生まれつき備わっている，特定の刺激に対して特定の反応をする生理学的なしくみのこと），⑤共通の関心の源，⑥社会的接触の促進剤，⑦アイス・ブレーカー（緊張を解きほぐすもの）[23]——を提案した。初めの2つ以外はすべて会話において役に立つものである。

犬の飼い主は，散歩中にいつも犬に話しかけている。北アメリカでは，ほとんどの犬の飼い主が，犬に話しかけると報告した[24]。犬の飼い主は，よくまるで人と話をするように犬に問いかけている[25]。犬以外のペットも人間の会話の対象になっているだろう。小鳥に話しかける飼い主もよくいる。小鳥に話しかける時は，彼らは柔らかい声を使い，短い文章を話すという比較的静かな会話をする。赤ちゃん言葉を連想させるような言葉もよく使われる[26]。受刑者でさえ，ペットとはお決まりのスタイルの話法を用いる。声を低くし，発話測度を落とし，まるで動物が返事をしようとしているかのごとくペットに質問したり一息おいたりするのである[27]。

ペットとのコンパニオンシップは生涯にわたることが多い。一生動物好きであるような人々は，自分が健康で，ペットを飼えるような物理的環境がある限り，動物とのふれあいを求め続けるだろう[28]。

ペットの気分高揚効果

ペットは，飼い主に飼い主自身のことをよく思わせたり，人生への満足感を高めたりすることを通じて，飼い主の気分を高揚させることができる。こうした結果は，ある程度，より積極的なパーソナリティをもった高齢者は，そもそもペットに魅了される傾向があるがゆえに生じた可能性がある。しかし，ペット所有自体が高齢者にとって明らかに利益となることは疑いの余地がない。たしかに，高齢の人々においては，ペットを飼っている人は飼っていない人より

もずっと性格や気分が前向きである。そのような人は飼っていない人とは違って，他の物事の世話をしたり責任を負いたいという欲求は高く，他者に面倒をみてもらいたいという欲求は低い傾向がある。また，ペットを飼っている人は高い自尊心と自信をもってもいたが，ペットを飼っていない人ほど自己中心的ではなかった。ペットを飼っている人は人生に対してより楽観的な見通しをもっていることが明らかになっているが，唯一心配していたのがペットの健康と幸福のことであった[29]。

ペットを飼っている年金受給者たちは，概して人生に対して肯定的な見通しを示している。彼らは，ペットを飼っていない完全に自活できる人よりも前向きな気分や向上心をもち，強気を保っている。したがって，多くの意味で，ペットを飼うことは高齢者に最善の結果をもたらすように思われる[30]。

社会環境が既に適度に安定し，かつより裕福な人々は，ペットを飼うことでより一層の利益を得られるだろう。ある調査では，ペットを飼う高齢女性は飼っていない人よりも大きな幸福感を示した。とはいえ，この効果は社会経済的地位の高い女性において最も顕著であった。しかし，さらなる調査により，ペットを飼うことと個人的な幸福感との関係はさらに複雑であることが明らかにされている。すなわち，ペットと飼い主の愛着の程度がもう一つの重要な要因であったのだ。ペットに対して強い愛着をもっていない飼い主はたいてい不幸であったが，コンパニオン・アニマルと強い絆を形成している人は最も幸せであった[31]。

ペットの延命効果

ペットを飼うことによって高齢者が自分自身のことをよく思えるようになることには，人の寿命を延ばすという非常に重要な波及効果があるかもしれない。ペットから得られる利益は一生続くものだろう。多くの研究者が，ペットを飼う自立した高齢者は動物を飼わない人よりも長く健康な人生を送るだろうと述べているが[32]，この問題については矛盾した結果や決定的ではない結果も報告されている[33]。幼少児期にペットと親密な絆を結んでいた人は，大人になってもペットに対して積極的な傾向をもち続ける。人生を通してペットが側に

いると，あらゆるストレスに対処できるようになるだけではなく，実際に寿命が延びる一因ともなるだろう。高齢者のペット所有に関するいくつかの研究では，ペットが側にいることで高齢者がより長生きすることが確認されている★34。医療を受ける人々の間では，コンパニオン・アニマルの所有はよりよい健康状態と正の関連が見られ★35，過去に病気をした人や冠疾患集中治療室での生存率の向上とも関係している★36。

ペットを飼うことによって，高齢の人々は身体的により活動的になる。動物の世話をする責任は人に目的意識を与えるし，もちろんペットの種類にもよるが，飼い主がペットに運動をさせるようにしなければならない。犬の散歩はペットの運動になるだけではなく，飼い主の運動にもなる。

高齢者施設では，ペットを飼うことで居住者の孤独感や孤立感，あるいは引きこもりを減少させ，その結果多くの老人病に特徴的な生命にかかわるうつ病を低下させるのに一役買っているとの報告もなされている。ペットを飼うことにより，高齢者はベッドから離れて動き回ることでより生活にかかわるようになるため，死期が近づいた高齢者の衰えを遅らせることができる。

ペット研究は，老年学において多くの人々の関心を引いた2つの問題，すなわち回想（reminiscing）と離脱（disengagement）の問題に光を投げかけている。老年心理学においては，回想はもはや，無害で無意味な活動とは考えられていない。むしろそれは，高齢者がみずからの歴史をふり返り，存在の糸（threads of their existence）を統合し，人生において何が有意義であったのかを認識するようになるという，健康的で生産的なプロセスなのである。したがって回想は，高齢者の継続的な成長と目下の適応を示す発達課題である★37。ペットは，高齢者の子ども時代やその他のライフステージの記憶を誘発することで高齢者の回想を促進しており，したがってペットはこうした有意義な試みの達成に貢献していると指摘する研究者もいる★38。

こうしたペットと回想との関係の根底には多くの要因があると思われる。第一に，生涯ペットの飼い主であった人々にとっては，動物は自分の歴史の中の現実の出来事と直接結びつく。第二に，ペットは，子どもの頃にしたような遊びをするようはたらきかける★39。第三に，子ども時代のペットとの経験は，大人になってから動物と築く関係を形成するとみられている★40。第四に，ユ

ング（Jung, C.）が半世紀以上前に認識していたように，高齢者と子どもという2つの年代の人々は，我々の一側面であり，動物によって象徴される無意識に，最も容易に接触できるという点で似ている。したがって，表象や象徴として，ペットは人間の精神の無意識の部分とのコミュニケーションを促進するのだろう★41。

　高齢者と関連のあるもう一つのプロセスに「離脱」がある★42。それは，高齢者の状況と，彼（女）らとかつてつきあいのあった人々が互いに身を引いた結果だと説明するものである。批評家たちの指摘によれば，高齢者の多くは社会的・文化的生活を断ちたくはないが，家族の人たちの地理的な移動，配偶者や同年輩の人たちの死，自分自身や重要な他者の施設入所，貧困や資産の低減，健康や活力の衰えに伴う制限，高齢者に否定的な固定観念やレッテルを付すような文化的態度，といったものによって，かつては満足できた経験を絶たれてしまうのである★43。

高齢者におけるペットセラピー

　ペットは，高齢者の治療という特定の世界では，うなぎ上りの人気で用いられている。ペットは治療の文脈において，治療者の付属物として，唯一の治療剤として，変化をうながすものとして，あるいは自然との接触を促進する手段として用いることができる。これらの応用はそれぞれ，なかなかの成功を収めている★44。

　レヴィンソン（Levinson, B.）とコーソン（Corson, E.）の研究により，現代の動物介在療法（animal-facilitated therapy）という流れが普及した。レヴィンソンは，臨床心理学的状況において，治療中にコンパニオン・アニマルがいると患者に利益があることを見いだした★45。コーソンの初期の研究は，精神病患者に愛情のある関係を築くのに適した犬を与え，彼（女）らの社会的スキルを向上させようというものであった★46。彼らはまた，患者らに動物の世話をさせ，最終的には自分自身の世話をするよううながした。これらの動物介在療法の先駆者たちは，ペット・セラピー・プログラムを試し，評価した最初の人たちでもあった。彼らの評価法は，看護人に患者の経過について尋ねる

質問紙を用いたり，居住者とスタッフとの相互作用をビデオ録画したりするなどの，患者の反応を数量化できるものであった。

ペットは，一人暮らしの高齢患者にとってはとても貴重な，モラールを高揚させる話し相手となり，高齢者福祉施設やリハビリセンターや病院の高齢者にとってはさまざまな利益を与えてくれる存在であることが明らかになっている。人間と動物の絆がもたらす利益には，心臓への生理学的な効果，投薬の必要性の低下，身体的障害のある人々の補助などがある。こうした状況で，ペットはうつ的な感情によって弱ってしまう人たちの自尊心を高揚させるような愛情と友情を与えることができる★[47]。

高齢患者における臨床的うつ病の治療の統制実験により，治療に犬を導入することで，患者が他者や治療者との会話に積極的に従事するようになることがわかった。犬は，患者に脅威とならない会話の対象となるため，自分のことを打ち明けるきっかけとして役立っていた。こうして一度患者が心を開いて会話を始めれば，治療者はより患者の問題の核心に話を導いていくことが可能になる★[48]。高齢者をリラックスさせるという動物の能力は，施設に入所している人々を対象にした研究でも，入所していない人々を対象にした研究でも示されている。魚を入れた水槽を管理するという新たな趣味を紹介された高齢者のグループは，血圧の低下や幸福感・リラックス感の向上が見られた★[49]。

ある老人ホームでは，居住者が実験のために異なるグループにランダムに分けられ，あるグループには窓の外に設置する野鳥の餌箱が与えられた。さらにこのグループの何人かには，個人の責任で引き抜き型の餌箱に餌を入れるよう教示が与えられ，その他の人にはそうした教示は与えられなかった。しばらく後，すべての居住者にどのくらい幸せか，生活にどの程度満足しているかを尋ねた。その結果，責任をもって餌をやるよう教示された人々は，自分の境遇に対してはるかに肯定的な感情をもっていたのである★[50]。

別の統制実験では，入院している高齢患者に対する治療にアニマル・コンパニオンシップ（動物との交友）を用いることが有効かどうかが調査された。この実験では，患者たちは，犬と接触する条件，犬に関する短い話を聞く条件，

運動プログラムに従事する条件の3つにランダムに割り当てられた。その結果，犬との直接的な接触は，患者のいらだちや引きこもりを減少させ，他者からの援助を待つよりも自分で努力をするようになるというプラスの変化を引き起こすことが示された[51]。

　高齢の入院患者がいる病棟にコンパニオン・アニマルを配置することにより，患者のモラールや社会的相互作用のレベルに無視できないほどの効果があることも示されている。犬は話の種となり，個人的なコンパニオンとなり，さらに日々の心配事がある時の気晴らしともなっていた[52]。入院患者は訪問者（見舞い客）に元気づけられるだろうが，ボランティアの訪問者が犬を連れて来た場合にはさらに強力な効果が得られる可能性があることが，ある研究で見いだされている。このプラス効果の理由の一つは，病気や物理的距離によって家や家族から切り離されている高齢居住者に，犬は家庭の空気をつくり出してくれるからである。患者と訪問者が犬という共通の関心をもつことで，訪問者は自身をボランティアではなく友人と考えるようになり，患者からもそのように見られるようになるのである[53]。時には，そのような訪問が引き金となって，高齢患者が，ペットを飼っていた子ども時代を思い出すこともあっただろう。他の居住者にとっても，犬の存在は，現在は離れ離れになり家族の誰かが世話をしてくれている自分のペットとの交友の代わりとなるものであった[54]。

老人ホームにおけるペット訪問プログラム

　老人ホームにおけるペットの役割は，孤独感や憂うつ感や退屈を和らげることだろうとの指摘がある[55]。すなわち，コンパニオン・アニマルは老人ホームの居住者の不安，孤独感，憂うつ感を低減する可能性がある。というのは，コンパニオン・アニマルはさわったり運動させたりすることができるし，また老人ホームの居住者に安全感を与えることができるからである[56]。他の研究も老人ホームにおけるうつの問題を指摘し，心理検査を用いて動物介在療法の効果の評価を試みている。この研究では，ペットプログラムの実施後のうつ得点が，実験群で有意に低いという治療の効果が見られた。また，ペットにかかわったグループは社会的相互作用の頻度が高かった[57]。

　準入居者への動物訪問は，居住者の幸福に著しくよい影響があることが見い

だされている。1週間に1度動物が訪問する群と，人間だけが訪問する群の2つの実験群を比較する実験の結果，前者の動物訪問群では多くの次元で改善が見られたが，人間だけの訪問群には何も変化は見られなかった[58]。ただし，ここで示された効果には，ペット訪問プログラム（visiting pet programme）の純粋な効果だけではなく，ペットを連れてきた人たち自身の効果も混交している可能性があることに注意しなくてはならない[59]。

さらに，慢性的な体調不良で，精神的に混乱した高齢の入院患者にペットが与える効果を分析した研究がある。その患者たちはその精神的に混乱した状態のせいで，認知的障害があり，社会化やコミュニケーション能力はごくわずかしかなかった[60]。そうした患者の治療上・行動上の変化を評価するため2つの尺度が用いられた。その結果，きわめて衰弱した患者に対しては，仔犬は何の効果ももたらさないことが明らかになった。彼らは犬がいなくなってから，犬がいたことを覚えていなかったのである。このことは，訪問動物は患者たちに対して十分な刺激にならなかったことを示唆している。ただしこの研究には，患者の生活の質や楽しみを測る標準的な行動測定尺度を用いていないという重大な限界がある。

ある犬の訪問プログラム（visiting dog programme）からは，質問に対する言語的な反応時間の短縮や，居住者どうしの交流の増加といった効果が報告されている。犬の訪問プログラムの結果，居住者の親交が深められ，孤独感や孤立が減少し，居住者の間に共同体意識の高まりが見られた[61]。

サヴィシンスキー（Savishinsky, J.）は3つの老人ホームへのペット訪問プログラムを人類学的に研究し，高齢入居者が過去および現在の家族とどのようにかかわっているかに関する5つの側面を明らかにした[62]。この研究では，参与観察と非構造化インタビュー（訳注：質問する内容をほとんど決めないで行なわれるインタビュー），および居住者に関する生活史資料の収集の手法が用いられた。ペットとの活動により，人間と動物の関係を深めるという基本的な目的は達成できることが示された。ただし，この目的は老人ホームごとに違ったやり方で達成されていた。70人あまりしかいない2つの老人ホームでは，少数のボランティアと動物でグループが構成された。3つ目の250人以上いる老人ホームでは，多数のペットやボランティアたちが個々に自分のペースで建物内を歩

き回り，自室やラウンジにいる居住者を個別に訪問した。

　ペット訪問活動は，動物に関連する子ども時代の記憶や家族の思い出を思い出すきっかけになっていた。ペットの喪失と人間の喪失は相互に関係する経験だと居住者たちは話した。動物の訪問は，人々が施設で経験する家庭的なものの減少を浮き彫りにし，またそれを防いでくれていた。居住者はまた，あきらめようと努めてきたペットとのつながりや，現在ペットの世話をしている家族との関係を模索していた。たまにペット訪問プログラムの活動中に親戚の訪問を受けた際には，家族関係における動物の役割や，施設に住む高齢者の状況に対する家族の反応をうかがい知ることができた。

　週に１度のペットの訪問により，施設におけるさまざまな社会的・身体的・言語的相互作用に改善が見られた。居住者たちは動物をさわって得られる刺激を楽しんだが，それは，何かをするように導かれるというよりも何かをさせられていることが多い居住者たちに，彼らの生活に欠けていた接触というものを取り戻させる経験であった。さらに，ペットとの活動は人々との出会いをもたらした。それは，ボランティアと居住者の出会いだけではなく，居住者とスタッフの出会い，居住者どうしの出会いをも生み出していた。動物は皆が認める共通の関心事となり，さまざまな人々の社交性を向上させたのである。

　ペットが存在することによって，動物が明白かつ気楽な話題となった。より注目に値する，意外な結果は，他の話題が居住者から自発的に提起される頻度であった。彼らの会話の多くは，初めはその場にいる動物に集中するが，そのうち彼（女）らが以前飼っていたペットの心配事に移り，そこからさまざまな個人的問題や家族の問題に対する考えへと移っていった。後者に含まれるのは，①動物の関連する子ども時代の記憶や家族の思い出，②相互に関連した経験としてのペットの喪失と人間の喪失，③施設入居の結果人々が体験する家庭的な事柄の減少，④老人ホームに入居した際にあきらめざるを得なかったペットとの絆，そして現在そのペットの世話をしている家族との関係，であった。

　動物が人間の要求を満たしてくれるとの認識は，動物介在療法の増加をもたらした。こうした努力の恩恵を受けるのはおもに高齢の人々であり，プログラムは自宅に住む高齢者向け★[63]および退職者コミュニティや老人福祉施設，老人ホームなどに住む人々向けの双方がつくられている★[64]。

ペット動物との接触は，コンパニオンシップの減少，触覚経験の減少，刺激的な余暇活動の減少，家族や友人との絆の弱まり，高齢者が共通して経験する重大な喪失に対応すべく設計されている。多くの高齢者が施設への入所に際して自分のペットを手放さなくてはならなかったわけだが，動物の訪問はこうした付加的で不本意な喪失によって生じた穴をも埋めることを意図して行われている。したがって，ペットプログラムは，加齢に伴う家族や自分の生活の崩壊に重点を置き，以前の家族関係が縮小した後残った家庭的な体験を再構成することを試みているのである。

　さらに，ある研究グループは，オーストラリアのブリスベンにある3つの老人ホームにおけるペット訪問プログラムやペット飼育プログラムの効果を測定した。居住犬がいる老人ホームでは，緊張と混乱が減少し，うつ病についても有意な低下が見られた★65)。居住犬と訪問犬は居住者の活力を高揚させ，倦怠感の程度を下げた。犬と交流していた居住者は，時間の経過とともに倦怠感の低下が見られた。

ペットがもたらすプラスの効果

　我々は加齢とともに動きが鈍くなり，社会的に孤立していく。それにつれて，ペットは活動的な生活を続けていくのに必要なコンパニオンシップや励みの貴重な源となる。我々の世話や注意に依存している生き物を所有することは，我々に目的意識を与え，自分が価値のある人間であるという気持ちを起こさせてくれる。運動を必要とするペットはさらに，他のペットの飼い主との社会的接触の機会をもたらし，我々自身が運動するよううながしてくれる。このようなペットのプラスの効果はすべて，より活動的なライフスタイルに貢献し，それゆえ寿命を延ばしてくれる可能性も増す。施設に入ったために自立性を失った高齢者でさえ，ペットを飼ったり動物の訪問を経験することで重要な身体的心理的効果が得られるのである。年を取り，大切な人を失っていくとともに，ペットは重要な情緒的サポートを提供してくれる存在となるだろう。もちろん，最終的には最も愛するペットでさえ我々をおいて逝ってしまう。その時，多くの飼い主にとっては家族や親友を失った時と同じくらい気が動転する可能性が

ある。そのようなペットの喪失に対処する術を我々は学ばなければならないのである。次章では，ペットロスの深刻さ，および親しい人を失った後にペットが与えてくれる力についても検討する。

🐾 引 用 文 献 🐾

〈＊マークの文献は邦訳あり，巻末リスト参照〉

1 Brickel, C.M. Pet–facilitated psychotherapy: A theoretical explanation via attentional shifts. *Psychological Reports*, 50, 71–74, 1982.
2 Mugford, R.A. and M'Comisky, J. Some recent work on the psychotherapeutic value of cage birds with old people. In R. S. Anderson (Ed.) *Pet Animals and Society*. London: Bailliere Tindall, pp. 54–65, 1974.
3 Lago, D., Connell, C. and Knight, B. The effects of animal companionship on older persons living at home. *Proceedings of the International Symposium on the Occasion of the 80th Birthday of Nobel Prize Winner Professor Konrad Lorenz*, pp. 34–36. Vienna, Austria: Austrian Academy of Sciences, Institute for Interdisciplinary Research on Human–Pet Relationships, 1983.
4 Lago, D., Kafer, R.J., Delaney, M. and Connell, C. Assessments of favourable attitudes toward pets: Development and preliminary validation of self-report pet relationship scales. *Anthrozoos*, 1(4), 240–254, 1987.
5 Siegel, J.M. Stressful life events and the use of physician services among the elderly: The moderating role of pet ownership. *Journal of Personality and Social Psychology*, 58, 1081–1086, 1990.
6 Netting, F.E., Wilson, C.C. and Fruge, C. Pet ownership and non-ownership among elderly in Arizona. *Anthrozoos*, 2, 125–132, 1988.
7 Verderber, S. Elderly persons' appraisal of animals in the residential environment. *Anthrozoos*, 4(3), 164–173, 1991.
8 Rogers, J., Hart, L.A. and Boltz, R.P. The role of pet dogs in casual conversation of elderly adults. *Journal of Social Psychology*, 13393, 265–277, 1993.
9 Mahalski, P.A., Jones, R. and Maxwell, G.M. The value of cat ownership to elderly women living alone. *International Journal of Aging and Human Development*, 27, 249–260, 1980.
10 Albert, A. and Bulcroft, K. Pets and urban life. *Anthrozoos*, 1, 9–25, 1987.
11 Akiyama, H., Hotlzman, J.M. and Batz, W.E. Pet ownership and health status during bereavement. *Omega: Journal of Death and Dying*, 17, 181–193, 1987. Lund, D.A., Johnson, R., Baraki, N. and Dimond, M.F. Can pets help the bereaved? *Journal of Gerontological Nursing*, 10, 6–12, 1984.
12 Mugford, R.A. and M'Comisky, J., 1975, op.cit.
13 Connell, M.S. and Lago, D.J. Favourable attitudes toward pets and happiness among the elderly. In R.K. Anderson, B.L. Hart and L.A. Hart (Eds) *The Pet Connection*. Minneapolis: University of Minnesota Press, 1983. Lago, D.J. et al., 1983, op.cit.
14 Salmon, P.W. and Salmon, I.M. Who owns who? Psychological research into the human–pet bond in Australia. In A.H. Katcher and A.M Beck (Eds) *New Perspectives on Our Lives with Companion Animals*. Philadelphia: University of

Pennsylvania Press, pp. 244–265, 1983.
15 Bolin, S.E. The effects of companion animals during conjugal bereavement. *Anthrozoos*, 1(1), 26–35, 1987.
16 Garrity, T.F., Stallones, L., Marx, M. and Johnson, T.P. Pet ownership and attachment as supportive factors in the health of the elderly. *Anthrozoos*, 3, 35–44, 1989.
17 Greene, M.G., Adelman, R., Charan, R. and Hoffman, S. Ageism in the medical encounter. An exploratory study of the doctor–elderly patient relationship. *Language and Communication*, 6, 113–124, 1986.
18 Garrity, T.F. et al., 1989, op.cit.
19 Peretti, P.O. Elderly–animal friendship bonds. *Social Behaviour and Personality*, 18, 151–156, 1990.
20 Messent, P.R. Social facilitation of contact with other people by pet dogs. In A.H. Katcher and A.M. Beck (Eds) *New Perspectives on Our Lives with Companion Animals*. Philadelphia: University of Pennsylvania Press, 1983.
21 Eddy, J., Hart, L.A. and Holtz, R.P. The effects of service dogs on social acknowledgements of people in wheelchairs. *Journal of Psychology*, 122(1), 39–45, 1988. Mader, B., Hart, L.A. and Bergin, B. Social acknowledgements for children with disabilities: Effect of service dogs. *Child Development*, 60, 1519–1534, 1989.
22 Hunt, S.J., Hart, L.A. and Gomulkiewicz, R. The role of small animals in social interactions between strangers. *Journal of Social Psychology*, 132, 245–256, 1992.
23 Messent, P.R. Correlates and effects of pet ownership. In R.K. Anderson, B.L. Hart and L.A. Hart (Eds) *The Pet Connection*. Minneapolis: University of Minnesota Press, 1984.
24 Katcher, A.H. Interrelations between people and their pets: Form and function. In B. Fogle (Ed.) *Interrelations Between People and Their Pets*. Springfield, IL: Charles C. Thomas, 1981.
25 Stallones, L., Marx, M.B., Garrity, T.F. and Johnson, T.P. Attachment to companion animals among older pet owners. *Anthrozoos*, 2, 118–124, 1988.
26 Katcher, A. Physiologic and behavioural responses to companion animals. *Veterinary Clinics of North America: Small Animal Practice*, 15, 403–410, 1985.
27 Katcher, A., Beck, A. and Levine, D. Evaluation of a pet programme in prison – the PAL project at Lorton. *Anthrozoos*, 2, 175–180, 1989.
28 Verderber, S., 1991, op.cit.
29 Kidd, A.H. and Kidd, R.M. Personality characteristics and preferences in pet ownership. *Psychological Reports*, 46, 939–949, 1980.
30 Kidd, A.H. and Feldman, B.M. Pet ownership and self-perceptions of old people. *Psychological Reports*, 48, 867–875, 1981..
*31 Ory, M.G. and Goldberg, E.L. Pet possession and life satisfaction among elderly women. In A.H. Katcher and A.M. Beck (Eds) *New Perspectives on Our Lives with Companion Animals*. Philadelphia: University of Pennsylvania Press, 1983. Ory, M.G. and Goldberg, E.L. An epidemiological study of pet ownership in the community. In R.K. Anderson, B.L. Hart and L.A. Hart (Eds) *The Pet Connection*. Minnesota: University of Minneapolis Press, 1984.
32 Bustad, L.K. and Hines, L. Placement of animals with the elderly: Benefits and

strategies. *California Veterinarian*, 36, 37–44, 50, 1982. Messent, P.R., 1983, op.cit.
33 Robb, S.S. and Stegman, C.E. Companion animals and elderly people: A challenge for evaluators of social support. *The Gerontologist*, 23, 277–282, 1983. Lago, D., Connell, C.M. and Knight, B. A companion animal programme. In M.A. Sanyer and M. Gatz (Eds) *Mental Health and Aging*. Beverly Hills, CA: Sage, 1983.
34 Thompson, M.K. Adaptation of loneliness in old age. *Proceedings of the Royal Society of Medicine*, 66, 887, 1973. Corson, S.A., Corson, E.O. and Gwynne, P. Pet-facilitated psychotherapy in a hospital setting. In J.H. Masserman (Ed.) *Current Psychiatric Therapies*, Vol. 15. New York: Grune & Stratton, pp. 277–286, 1975. Corson, S.A. and Corson, E.O. Pets as mediators of therapy in custodial institutions for the aged. In J.H. Masserman (Ed.) *Current Psychiatric Therapies*, Vol.18. New York: Grune & Stratton, pp. 195–205, 1078.
35 Katcher, A.H. and Friedmann, E. Potential health value of pet ownership. *The Compendium on Continuing Education for the Practising Veterinarian*, 2, 112–122, 1980. Robb, S.S. and Stegman, C.E., 1983, op.cit.
36 Friedmann, E., Katcher, A.H., Lynch, J.J., and Thoma, S. Animal companions and one-year survival of patients after discharge from coronary care unit. *Public Health Report*, 95, 307–312, 1980.
37 Butler, R.N. The life review: An interpretation of reminiscence in the aged. In B.L. Neugarten (Ed.) *Middle Age and Aging*. Chicago, IL: University of Chicago Press, 1968. Myerhoff, B. *Number Our Days*. New York: Simon & Schuster, 1978.
38 Levinson, B.M. *Pets and Human Development*. Springfield, IL: Charles C. Thomas, 1972. Bustad, L.K. *Animals, Aging and the Aged*. Minneapolis, MN: University of Minnesota Press, 1980. Brickel, C.M. Pet-facilitated psychotherapy: A theoretical explanation via attention shifts. *Psychological Reports*, 50, 71–74, 1984.
39 Corson, S.A. and Corson, E.O. Pet animals as non-verbal communication mediators in psychotherapy in institutional settings. In S.A. Corson and E.O. Corson (Eds) *Ethology and Non-Verbal Communication in Mental Health*. New York: Pergamon Press, 1980.
40 Messent, P.A., 1983, op.cit.
41 Jung, C.G. *Modern Man in Search of a Soul* (W.S.Dell & C.F. Baynes, trans.) New York: Harcourt, Brace & World, 1933.
42 Cumming, E. and Henry, W. *Growing Old*. New York: Basic Books, 1961.
43 Watson, W.H. and Maxwell, R.J. *Human Aging and Dying: A Study in Sociocultural Gerontology*. New York: St Martin's Press, 1977.
44 Levinson, B.M., 1972, op.cit.
45 Levinson, B.M., 1972, op.cit.
46 Corson, E.O. et al., 1975, op.cit. Corson, S.A., Corson, E.O., Gwynne, P.H., and Arnold, L.E. Pet dogs as nonverbal communication links in hospital psychiatry. *Comprehensive Psychiatry*, 18, 61–72, 1977. Corson, S.A. and Corson, E.O., 1980, op.cit.
47 Hoffman, R.G. Companion animals: A therapeutic measure for elderly patients. *Journal of Gerontological Social Work*, 18(1–2), 195–205, 1991.
48 Brickel, C.M. Depression in the nursing home: A pilot study using pet-facilitated

psychotherapy. In R.K. Anderson, B.L. Hart, and L.A. Hart (Eds) *The Pet Connection*. Minnesota, MN: University of Minneapolis Press, pp. 407–415, 1984.

49 Riddick, C.C. Health, aquariums and non-institutionalised elderly. In B. Sussman (Ed.) *Pets and the Family*. New York: Haworth Press, pp. 163–173, 1985.

50 Banziger, G. and Roush, S. Nursing homes for the birds: A control-relevant intervention with bird feeders. *The Gerontologist*, 23, 527–531, 1983.

51 Zisselman, M.H., Rovner, B.W., Shmuely, Y. and Ferrie, P. A pet therapy intervention with geriatric psychiatry inpatients. *American Journal of Occupational Therapy*, 50(1), 47–51, 1996.

52 Haughie, E., Milne, D. and Elliott, V. An evaluation of companion pets with elderly psychiatric patients. *Behavioural Psychotherapy*, 29(4), 367–372, 1992.

53 Savishinsky, J.S. Intimacy, domesticity and pet therapy with the elderly: Expectation and experience among nursing home volunteers. *Social Science and Medicine*, 34(2), 1325–1334, 1992.

54 Savishinsky, J. Pets and family relationships among nursing home residents. *Marriage and Family Review*, 8, 109–134, 1985.

55 Andrysco, R.M. PFT in an Ohio retirement nursing community. *The Latham Letter*, Spring, 1982.

56 Fogle, B., 1981, op.cit.

57 Brickel, C.M., 1982, op.cit

58 Francis, G. and Odell, S. Long-term residence and loneliness: Myth or reality? *Journal of Gerontological Nursing*, 5, 9–11, 1979.

59 Hendy, H.M. Effects of pets on the sociability and health activities of nursing home residents. In R.K. Anderson, B.L. Hart and L.A. Hart (Eds) *The Pet Connection*. Minneapolis, MN: University of Minnesota Press, pp. 430–437, 1984.

60 Jendro, C., Watson, C. and Quigley, J. The effects of pets on the chronically ill elderly. In R.K. Anderson, B.L. Hart and L.A. Hart (Eds) *The Pet Connection*. Minneapolis, MN: University of Minnesota Press, pp. 430–437, 1984.

61 Torrence, M.E. The veterinarian's role in pet-facilitated therapy in nursing homes. In R.K. Anderson, B.L. Hart and L.A. Hart (Eds) *The Pet Connection*. Minneapolis, MN: University of Minnesota Press, pp. 423–429, 1984.

62 Savishinsky, J., 1985, op.cit.

63 Mugford, R.A. and M'Comisky, J. Some recent work on the psychotherapeutic value of cage birds with old people. In R.S. Anderson, (Ed.) *Pet Animals and Society*. London: Baillière Tindall, pp. 54–55, 1974.

64 Corson, S.A. and Corson, E.O., 1980, op.cit. Bustad, L.K., 1980, op.cit.

65 Crowley-Robinson, P., Fenwick, D.C. and Blackshaw, J.K. A long-term study of elderly people in nursing homes with visiting and resident dogs. *Applied Animal Behaviour Science*, 47, (1–2), 137–148, 1996.

第9章 ペットロスにどう対処するのか？

　これまで，飼い主とペットとの間で強い愛着（attachment）が築き上げられるのを見てきた。愛着はすべての社会的動物にとってきわめて重大なものである。しかし，人間の発達を見通せば，永遠に揺るぎない愛着というものに疑いの念をいだかざるを得ない。赤ん坊が母親に対してもつ純然たる愛着は，最終的には知的で健全な情緒的発達に必要とされる自立を可能にするものでなければならないのである。第3章で見てきたように，飼い主とペットは似たような絆を築くことができる。さらに，そのような愛着は飼い主がペットを手放すのをしぶるほど強くなることがある。極端な状況下にある飼い主は，ペットが飼い主に頼るのと同じくらい，ペットに頼るようになってしまう。ストレスを感じた時，飼い主の中には身近な家族よりも動物に助けを求める者もいる。実際に，人間関係がうまくいっていない家庭では，ペットが親友の代わりとなる。ペットに愛着を求める飼い主は，ペットが死んでしまうと，治療可能であるが，重度の心理的な問題を示すこともある[1]。

　一方，飼い主とペットの愛着は最も純粋な形で残る。この愛着の強さは，飼い主のペットロス（loss of a pet）に対する反応を決定づける主要な要素である。ペットの死は，そのような死を多く経験した人たちでさえも苦しめる。死んだ，殺された，あるいは単に姿を消したなど，ペットをなくした時にどれほどの喪失感を感じたか示すように求められると，ほとんどの飼い主はかなりの喪失感を味わったという[2]。ペットをなくした後，家族がある種の感情を経

験することは周知のことであり，深い悲しみや嘆き，悲嘆，そして抑うつまでも感じると報告されている★3。看取った獣医も，その死因が大往生であるとか病気の結果であるとかにかかわらず，動物の死に対してさまざまな苦痛を感じるという★4。

　人間とペットの間にある情緒的な絆の深さは，ペットが死ぬ時にはっきりとわかる。飼い主や家族はペットの死に対して，さまざまな反応を示す。肯定的な面として，子どもとペットに関する章（第7章）で見たように，子どもたちは，愛していたものがなくなった時，すなわちペットがもはや生きていないということを知った時，その苦しみにどのように対処するのかを学び，死の意味と重大性について何かしら理解できるようになる。ペットの死を経験することで，子どもは究極の真実と向かい合うことができる。そのため，このような経験は子どもたちにとって，直接的ではないが意味のあることである。生き物のすべてがやがて死ぬことを認識することは，他の生き物との明快で意義のある関係性と生命に対する畏敬の念を与える。このようなことは，その子自身の家族がなくなった時の対処の仕方にもつながるのである。子どもにとってペットは親しい仲間として人生において非常に大切なものとなり，その友情は子どもが他の人たちと築くであろう関係に多くの点で類似したものになる★5。したがって，子どもにとってペットをなくすことは家族をなくすことと同じように，しばらくの間つらいことなのである。

ペットに対する愛着の証

　精神的健康にかかわるペットの重要性は，社会の工業化と地方から都市への人口移動という社会変動によって，強く認識されるようになった。これらは日常的で直接的な自然とのかかわりから人々を切り離しただけでなく，結びつきの強い家族社会の分裂と解体をもたらした。このことがより多くの人々に社会

的孤立を感じさせた。ペットは，少なくとも部分的に，そういった失ったものを埋めるという基本的な役割を担ったのである。家にペットがいるということは，日々の生活を形づくる従来の自然とのかかわりを思い出させ，そしてそれに代わるものを提供した。さらに，ペットは社会的に孤立したかもしれない人たちの仲間となり，支えとなったのである。

そういった意味では，犬，猫，鳥，魚といった家庭内の動物は重要な社会的，心理的な機能をもっている。ペットは，飼い主から単なる仲間としてではなく，親族の代わりと見なされている★6。動物に課せられた役割は飼い主の立場や欲求によってさまざまである。それは両親の代わりにもなるし，子ども，きょうだい，配偶者の代わりにもなる。既に見てきたように，ペットは高齢者にとって特別な意味をもつものであり，幸不幸といった人生の違いを生み出すこともある★7。

いくつかの要因が，ペットと飼い主の間に存在する絆の重要性に関係するということが確認されている。第一に，両親と子どもという古典的な家族の単位は西欧社会ではもはや主要な単位ではなくなっている。こうした現象は家族の安心感を消滅させた。第二に，家族生活のその他の様相もまた変化している。祖父母，両親，子ども，親類がお互いに近くに住んでいるという拡大家族（extended family）は過去のものになってしまった。第三に，宗教はもはや地域社会において大きな影響力をもっていない。これらのことは人々に仲間意識，安心感，そして何よりも人間どうしのかかわりを提供していた。以上の失われたものによってぽっかりと空いた穴に，ペットが入り込んだのである★8。

その他の要因としては，犬と猫の寿命が延びていることである★9。犬や猫がより長い間ペットであるほど，愛着は強くなる。ペットは15年間，あるいはそれ以上の年月，飼い主と一緒にいられるのである。

多くの飼い主は，仲間であるコンパニオン・アニマルとともに育ち，ペットがいつも生活の中にいたという状況を経験している。ペットを飼っている高齢者とそうでない高齢者についての研究では，ペットを飼っている高齢者がそうでない高齢者よりも子どもの頃や10代の時，そして成人初期にペットを飼っていたことが確認されている。さらに，ペットを飼っている高齢者はペットを飼っていない高齢者よりも，若い頃にペットに対して強い愛着を示していたこ

ともわかった★10。

　飼い主とペットの親密さは，動物を人であると見なす度合いに起因する。この事実はペットをなくした時の趣向を凝らした葬儀に注目すると明らかである。人はペットの死に対して友人の死とまったく同じように悲しむ★11。この悲嘆は，たいていの場合，親密な仲間の逝去に対してよりも小さいが，時にはその悲嘆が過剰になり，病的になり得ることもある★12。多くの飼い主はペットの死後，かなり長い間日々の生活にうまく集中できないと報告している★13。死んだペットには人間と同じように敬意を払う必要がある。死んだペットに用意していたペットフードを他の動物のために再利用することは考えられない★14。都市には特別なペット用の共同墓地があり，嘆き悲しむ飼い主がペットのことを思い出すことができるようになっている。ペットをなくした人の4分の3が死んだペットのためになんらかの葬式をしたことを示す報告だけを見ても，そのような施設は私たちが認識するよりも重要なのかもしれない★15。

ペットロスの苦しみ

　他の絆と同じように，飼い主とペットの絆は壊れることがあり，またよく壊れるものである。どの種類でも，ペットの寿命は比較的短く，ペットとの死別は人間どうしの関係で普通に経験するよりも頻繁である。ペットはまた，逃げたり迷子になったりする。加えて，ペット飼育禁止の住宅に引っ越したり，以前はわからなかった家族のアレルギーが見つかったりと，さまざまな理由からペットを飼うことをあきらめなければならない人がいる。別れの理由が何であろうと，強い愛着関係が築かれていた場合，ペットを失うことはきわめて抑うつ的な体験となり得るのである。

　子どもにとって，ペットの死は永遠の別れとの最初の出会いであるかもしれない。幼い子どもたちはペットを自分たちと同じだと考えているので，ペットの死は彼らにとってパニックを引き起こすことであり，恐ろしいことである★16。動物の死は子どもたちには罰であると解釈されることもあり，彼らはなぜペットが罰せられたのか，似たような罰が彼らの身にも起こるかどうかを尋ねるかもしれない。多くの子どもたちが死は取り消すことができると考える

ため★17，子どもたちはペットがよみがえると思ってペットの死を望むかもしれない。そしてその動物が死んで，死の結末が現実となった時，子どもたちの中には究極の罪の意識が芽ばえ，ペットが恐ろしく残忍な動物となって現れる悪夢さえ見る者もいる★18。

　退職した人にとって，時間というものは一変し，重要でなくなることが多い。決まりきった日課がなくなると，生活リズムが崩れたり，時には時間の感覚が鈍ったりする。キャッチャーとフリードマン（Katcher, A. & Friedmann, E.）によれば，「1匹の好ましい動物の存在は，日常生活を維持するための刺激を与える」（p. 199）という★19。だとすれば，ペットを失い，社会との接触が減るにつれて，日々の生活は暗くなってしまうかもしれない。そして1日が果てしなく長く感じられるかもしれない。ペットとの死別に関する研究では，高齢の飼い主の97％が日常生活の乱れを体験したと報告されている。「食事と睡眠の時間が不規則になったというものである。（中略）ペットをなくした高齢者の82％，家族を亡くした高齢者の61％は，社会的なつきあいが減少した」（p. 295）というのである。そのうえ，ペットを飼っている高齢者とペットを飼っていない高齢者とでは，ペットの死に引き続いて起こる仕事がらみの問題で，大きな違いが認められた。ペットの死に苦しむ高齢者は，一般に，仕事に集中できないという死別に関する問題を抱えているのである★20。

　世話を受ける相手や無条件の親密なかかわりをもつものとして，ペットは若年者と高齢者の双方の生活において重要な役割を演じる。子どもも大人も1匹の動物を親友として，また情緒的サポート（emotional support）の源と考えている★21。年長の子どもや青年にとって，ペットは従順で批判しない友人であり，時として青年期には貴重な存在になる★22。

　中年女性が若い時をもっぱら子育てに費やしたのであれば，子育てを終えた時に虚しさを感じるかもしれない。その際，ペットは成長して家を出た子どもの代わりとしてすぐに役立つ。一人暮らしの人が増加する中で，ペットは親密なかかわりを提供するという不可欠な役割を演じている。そして，すべての年代の人々，特に高齢者にとって，ペットはまさに必要とされているという基本的な欲求に応えることができるのだろう。

　ペットが一定の範囲の基本的な欲求を満たすことができるのであれば，ペッ

トロスはしばしば空虚や悲しみ，痛みといった感情を引き起こすと考えられる★23。罪の意識は一般的に内面に対する怒りとして現れる。ハリス（Harris, J. M.）は，特に安楽死（euthanasia）が問題となる時，ペットの飼い主は必ずといっていいほど罪の意識を感じると指摘している。その動物が苦しんでいると理性的に自覚されたとしても，苦しみを軽減するために生命を積極的に終わらせることに対する情緒的な反応は，たいてい罪の意識となって出てくる。ペットではなく飼い主が生か死かを選択する独占的権力を有することに気づき，自分自身の動機に疑問をもつのである。飼い主はペットに対するこれまでの世話が十分であったのかということにも疑問をもちはじめるかもしれない。安楽死という最後の決断に飼い主を追いやった病気や事故を防ぐために，あらゆることをやったのだろうか，と。

たいていの場合，怒りは外側に向けられるのだが，時どき，都合のよい標的にその矛先が向けられることがある。その不幸な人は多くの場合獣医である。小さな子どもであれば，一般に動物を安楽死させることを決断しなければならなかった両親へとその矛先が向けられる。両親は動物に対して十分な世話をしなかったとか，子どもの大切なものを守ることができなかったと，自分の子どもから責められるのである。

ペットを失うことが大きな悲しみの原因となることが世界中で検証されている。アメリカ，イギリス，イスラエルで実施された人々が泣くという状況についての研究では，男女を問わず，かなりの人がペットの死後泣くということが明らかになっている★24。ペットをなくした多くの人にとって，ペットをなくしたことで経験する悲嘆は短時間だが強烈である。しかしながら，人によっては，その悲嘆がずっと長く続く場合もある★25。

ペットロスによって引き起こされる情緒的苦悩はたいへんなものである。そしてそれは多くの飼い主が「現在のペットが死んだ後，別のペットを飼うか」という質問に，失ったこととかかわる心理的トラウマ（psychological trauma）を理由に飼わないだろうと言わせるほどである★26。ペットと深い絆を築いてきた人々にとって，その喪失は複雑で病的であると思われるほどの悲嘆の引き金となるのである。ある研究者は，10代半ばで学業成績の優秀な少年が，ペットであるシェパードの事故死により，1か月間，成績が悪化したとい

う事例について詳しく述べていた。10週間後に，その問題は精神医学的な診断のために専門医への照会が必要なほど重篤なものとなった。この間のその少年のパーソナリティと成績の変化には，「たかが１匹の犬」の死にそんなにも深く嘆き悲しむことに対する恥ずかしさが関係していることがわかった[★27]。この事例の一つの説明として，重要な人間関係の欠如が招いた過度のペットへの依存があったのではなかいと考えられた[★28]。ペットが他の人の役割を満たせば満たすだけ，そのペットが死んだ時の悲しみは大きなものになる。

　ケディー（Keddie, K. M. G.）は動物と深い絆を築いた人のペットロスに関する３つの事例を紹介している。それらの事例は，かわいがっていたペットが長年にわたる献身的な世話の後に亡くなると，飼い主に極度の情緒的衰弱が生じることを示している。

　１つ目の事例は，16歳の少女が長年世話をしたペットのキング・チャールズ・スパニエルの死後，極度の抑うつ状態になったというものである。その犬は癌を患っており，死ぬ運命であった。少女はペットが死んでしまうと，抑うつ状態になり，手に紅斑性発疹が出た。のどに何も問題がないにもかかわらず，抗ヒスタミン剤を処方されても，それを飲み込むことができなくなった。少女は破綻した結婚生活の中で生まれ，６歳の時に母親に捨てられて，祖父母に育てられた。少女は祖父母と暮らしていく際に，世話をするペットの犬を与えられ，強い愛着を祖父母とペットにいだくようになっていった。犬の死により，少女は急性の抑うつ反応に苦しんだ。この反応は恐水症のような急性のてんかん症状であった。精神病院に入院して１週間後，彼女は急速に回復し，１か月後には症状はなくなった。少女は祖母が飼っているセキセイインコに興味を示しており，仔犬を飼おうと思っていると話していた。

　２つ目の事例は，飼っているヨークシャ・テリアの１匹が死んでしまった後，苦しむようになった女性についてである。その女性は長年にわって数匹の犬を育ててきたが，かわいがっていたチャンピオン・ブリーダーの犬が死んでしまったことで極度の抑うつ状態に陥った。葬儀の前に自宅に戻ってきた時は少し落ち着いていたが，別の飼い犬が大手術の後，死んでしまったと知らされて，彼女の苦悩はさらに大きくなった。手術後その犬はほんの数時間しか生きていなかった。結果として，彼女は一時的に，睡眠障害や呼吸困難といった身体的

症状を伴う重度の抑うつ状態に苦しんだ。

　その女性は，かわいがっていた動物を失うという苦しみにほとんど同情を示さなかった夫と疎遠になっていた。彼女は自殺する恐れがあり，精神病院への短期入院が認められた。詳細な医学的検査の結果，身体には何の病気もないことがわかった。しかしながら精神医学的な検査から，彼女のかわいがっていた犬との深い関係は，以前に苦しんだ，亡くなった幼い息子の代わりであると考えられた。多数の犬を「養子縁組（adoption）」して家族に迎え入れるということは，彼女自身の家族の喪失に対する埋め合わせであった。彼女は，息子の喪失を償うものとしてだけでなく，ある程度は夫との満たされない関係を補うものとして，死んだ犬に対して深い愛着を抱くようになったのである。

　3つ目は，中年の女性が14年間飼っていたプードルの死により身体症状を経験したという事例である。最初の問診で，飼い主とペットの間に強い愛着関係が確認された。さらに調べていくと，彼女は30歳の時の子宮摘出により，1人しか子どもをもてなくなったことを悔やんでいると打ち明けた。飼い犬の死後に見られた彼女の抑うつ状態は，子どもの代わりとして世話をしてきた動物を失ったことによる深い喪失感から出現したものだった。彼女は心理療法と薬，そして新しい犬を飼うことにより回復した。

　ペットが死んでしまうと，飼い主は空虚さを感じ，普段の生活が続けられなくなる。これは飼い主の日常生活がペットを中心に動いていた場合には，特に問題となる。喪失感は，必要とされていたという感覚や，ペットが経験を分かち合う伴侶だったこと，家族の一員を失ったという感覚，そのペットの固有の性質を懐かしく思うといったことを含むいくつかのことから強くなることがある[29]。

　死んでしまったペットへの悲嘆の度合いはペットとの関係の深さと関係する。ペットと非常に深い絆を築いていた人は，ペットが死んだ時，きわめて激しい悲しみを経験する。このペットとの絆とペットロスの際に経験する悲しみに見られる関係は，男性の飼い主よりも女性の飼い主のほうで強いことが報告されている[30]。

　ペットの死に対する悲しみは，以前に経験した友人や親族の死と関係しており，その悲しみが抑圧されていた場合には増強されることもある。先述のよう

な状況では，飼い主はペットを死んだ人とつながりのあるものとして見ることがある。ペットの死は，ペットのみならず，既に亡くなった人への悲しみの口火を切るものとなる★31。強い愛着とともに，飼い主の中には悲しみに折り合いをつけるのに時間を要する人もいる。友人や親族が代わりのペットを買い求めようとするのは，必ずしも最良のことではない。ペットと深い愛着関係を築いてきたのだから，その動物を失った悲しみは親友の喪失と同じようにきわめて深いものなのである。

　ペットへの愛着が深いほど，その喪失を乗り越えるのはむずかしくなる。このようなことはどの年齢の飼い主にも生じることがわかっている。たとえば，高齢の飼い主は，伴侶であるペットに依存するようになり，社会的ネットワークが減少する中で，ペットが生活の中心部分を占めるように再編を行う。ペットの死に伴い，動物と深い絆を築いてきた高齢の飼い主は，ペットのいない生活に適応していくのがむずかしくなる★32。

　ペットを失った飼い主が経験する苦悩は，飼い主が他人は理解してくれない，また励ましてくれないと信じ込んでいるので，自分の感情を表現しなくなることで悪化してしまう。ペットを失った飼い主は親しい人にさえも何も話す気になれないことがよくある。そうであっても，悲しみが表現されることは重要であり，飼い主が気持ちを切り替えるのを後押しする★33。飼い主は，自分がかわいがっていたコンパニオン・アニマルの死に対する悲しみは誰にもわかってもらえないだろう，特にペットを飼っていない人には，この苦しみに共感してもらえないだろうという共通の認識がある★34。

カウンセリングの必要性

　ペットロスは，その動物の死あるいは何か他のことが原因であっても，すべての年代の人にとって悲嘆反応の引き金となる★35。多くの飼い主にとって，コンパニオン・アニマルの死は家族を失った後の感情と同じような激しい悲しみを引き起こす。人間と動物の絆（human-animal bond）の深さは親友や親族との絆を上回ることもある★36。その関係が純粋で永続的なものであるから，コンパニオン・アニマルの死による別れは痛ましく，根強いものになる。ペッ

トを失った後のそのような苦しみに悩み，専門家の援助が必要となる人もいる。

　ペットロスに対処するには，その形態やそれを生み出す心理的プロセスを理解することが役に立つ。ペットを失った飼い主はよくその動物のことを思い出す。ある人にとっては苦しいことだろうが，多くはペットと一緒に過ごした特別な時間を思い起こすことに，徐々に心地よさを感じるようになる[★37]。一つの提案として，ペットの思い出を言葉にして分かち合えるよう，飼い主を励ますべきだというものがある。くり返し思い出を分かち合うことで，ペットに縛りつけられていたエネルギーが解き放たれ，飼い主は新しい物や人にそれらを注ぎ込むことができるようになる[★38]。

　もしペットが事故で死んでしまったら，その出来事を追体験することが飼い主にとっては重要になる。ペットをなくした人がショッキングな出来事を現実として受け入れるようになるためには，反すう，すなわち同じ出来事を頻繁に思い起こすことが必要なのである。ペットロスについて考えることは，表面的には親族を亡くしたことに思いをはせるのと同じである[★39]。

　愛する者の死によって，ほとんどの場合，私たちも死ぬべき運命にあると気づくようになる[★40]——なぜかこのような気づきが恐怖心を刺激し，その恐怖が動物に投影されることもあるが，動物が死を恐れてなんらかの予知的な反応を起こすことはないので，安心してよい。

　さし迫った現実のペットの死に対して選択しなければならないことは，多くの場合，特殊なことである。重病のペットの飼い主が最初に直面する選択は安楽死させるかどうかである。このような選択をすることは，ほとんどの飼い主に強いアンビバレントな感情をいだかせる。もし選択をする前にそのような感情に精通した人と話し合えるならば，助けになる。ある研究者は，「そのような決断は，飼い主に対して究極の無条件の愛情と思いやりを要求するものである。飼い主は人道的に正しいことをするためにペットを十分に思いやらなければならない。（中略）個人的な感情を入れないこと，ペットの死の選択にあたって神を演じることへの罪，そして死そのものに対する恐怖などを考えるのである」[★41]。

　安楽死が道徳的に間違っていると堅く信じている飼い主には，他に選択肢がないことを認識させることが重要である。このような人たちのために，家で病

気のペットを介護する方法を教えるという支援も用意されている。安楽死の直前に飼い主が直面する別の選択は，誰がペットを安楽死させるために獣医に連れて行き，誰が処置の間ペットに付き添うのかということである。飼い主は時に処置の間ずっとペットとともにいたいと望むかもしれないので，そうすることを許可すべきである★[42]。

　誰がペットを安楽死させに連れて行くのか，誰がペットとともにいるのかにかかわらず，専門家は，飼い主のプライバシーを保護するために，安楽死させる時には待合室にいる人が一番少ない診療時間終了間際に予約をするようアドバイスをする。飼い主やその他の責任のある人がペットの死後細かい手続きにわずらわされないよう，必要な事務処理や処置への支払いは事前にすませるようにすべきである。

　ペットを安楽死させた後の飼い主の選択は死骸の処置と新しいペットに関することである。中には安楽死の前に既に決めている人もいるが，最終的な決定はペットが死んだ後になされる。死骸の処置には火葬から土葬までさまざまなものがある。どんな方法であっても，ペットを愛していた飼い主にとってはなんらかのお別れの儀式をすることは大切なことである★[43]。儀式は前もって段取りが決められている葬儀のように，儀礼的に行われることもあるが，家族だけでペットとの写真を見て思い出を分かち合うこともある。子どものいる家庭では，儀式は悲しみに対処する術を親から子どもに学ばせるという意味で特に効果的であろう。

　新しいペットを飼うかは，他の選択と同様に個人の判断に任されるべきである。多くの善意ある人は深く悲しむ飼い主に，新しいペットを飼うことを真っ先にすすめたりする。しかし，この行為は多くの理由から適切なものだとはいえない。深い悲しみを感じることは痛ましいことであるが，しかしそれは喪失に対する反応として必要なものである。もし新しいペットを飼うことがなくしたペットへの悲嘆を避けるために行われるのならば，悲しみは抑圧されたり，他の否定的な反応として現れたりするかもしれない。抑圧された悲しみは，将来，表面化し，最初の時よりも大きな悲しみになる可能性がある。解決されていない悲しみは後に重度の抑うつ状態の原因ともなる。ペットの死後，新しいペットをあまりに早い段階で飼うようになった飼い主の中には，新しいペット

に嫌悪感をいだいてしまう者もいる。そのような飼い主は新しいペットを前のペットと比較し，新しいペットが失った動物の代わりにはならないことに気づくのである★44。

　イギリスの北東部に住む，ペットをなくした人を対象に実施された調査では，多くの人が無気力と不信感を感じていることがわかった。多くの人はペットをなくしたことばかり考えていて，時どき，ペットの思い出に浸っていた。またペットを失ったことを自分自身の一部分を失ったようにも感じていた。調査に回答した約4人に1人は，ペットが死んでしまったにもかかわらず，ペットを探そうとする衝動に駆られ，悲しみを和らげるためにペットはすぐそばにいると自分に言い聞かせるようにしていた★45。

　ペットロスは食欲不振，睡眠障害を引き起こし，飼い主の日常生活を乱し，とても落ち着かなくさせる。時には，悲しみがあまりに深刻で，ペットをなくした飼い主は心を閉ざし一人になろうとする。すべての人が伴侶や親友，家族が亡くなった時のように，ペットロスに対して理解を示しているわけではない。悲しみの中にいる飼い主は，家族，友人，仕事場の人たちが，喪失に対して無神経だと苦情をもらしている。そういった反応は事態を悪化させるだけであり，それによってコンパニオン・アニマルの死を悼む飼い主がまわりの人々を避けるようになってしまう★46。ペットの死は専門家の支援を必要とするほど深刻になることがあるという認識は広まってきている。悲しみの中にある飼い主は精神的にも身体的にも脆弱になっている。このような人にはカウンセリングで支援することができる★47。

　ペットの後を追って自殺する人のことがメディアで報告されて，ペットとの死別がいかに深刻な事態であるのかが明らかになった。アメリカの獣医の報告よると，ペットを失うなら配偶者を失ったほうがまだましだという飼い主もいるということである★48。

　人はペットを失った時に家族の一員を失った時と同じような反応を示すという。死後，長く経ってもまた声を聞くことができるのではないか，会えるのではないかとペットのことを考え続ける★49。ペットロスはさまざまな感情を表面化させる。飼い主は怒り，うろたえ，罪悪感を覚えたり，精神的に混乱したりする。飼い主の怒りは時として他の人，多くの場合，先述のように獣医に対

する八つ当たりとして表れる★50。食欲不振，睡眠障害や集中困難といった身体症状が出てくることもある。

　ある人にとってはペットを失うことは家，仕事，手足といった人生にとって基本的なものを失うことと同じ意味合いをもつ★51。一方では，ペットとの関係は家族との関係の延長線上にあるとされる。このように，ペットロスは何か所有物を失うのとは違い，親友や親族を失った時の感覚に近い。

　飼い主の体調の異変がペットロスによる影響と考えられる初期の徴候は，ペットが重い病気を患っているとか死にかけている時に処置をする獣医によって発見されることが多い。獣医は悲嘆や深い悲しみの中にいる飼い主に，どこに助けを求めたらよいかアドバイスをするという重要な役割を果たすことができる。飼い主の苦悩は激しい急性の反応であるからこそ，カウンセリングは短い間であってもすすめられる。こういった援助から，悲しみの中にいる飼い主はペットの死を受け入れることができ，そしてみずからの人生を取り戻すことに意欲的になっていく。カウンセリングによる支援は，ペットが死んだ時に飼い主がいだく苦悩を解消するのを手助けして，満足のいく結果をもたらすことが知られている。

子どもにとってのペットロス

　子どもにとっては，コンパニオン・アニマルの死はおそらく初めての死別経験である。実際，子どもにとってペットを飼うことの重要な側面の一つは，子どもに病気や死にどのように対処するのかを経験させ，彼ら自身に起こるそのような経験に備えることだといわれている★52。ペットがいなくなるという悲しみを十分に体験することによって，死は生命あるものにとって自然なことだと学ぶ。ペットロスは痛ましいことであるが，ゆくゆくは耐えられ，対応できるものになる。死は必ず来る。子どもは死が永久的なものであり，死んでしまった動物は戻ってこないことを学ぶ。愛するペットの死に対する罪悪感はよくある感情で，乗り越えられるものだということを子どもは学ぶ★53。

9 ペットロスにどう対処するのか？

　このことに関して，一部の人はペットの死を，まだ来ていない大きな喪失に対する「感情のリハーサル（emotional dress rehearsal）」や準備であるととらえている[★54]。しかし，ペットを失うことは単なるリハーサルではなく，子どもにとってその体験は大きな意味をもつことが理解されてきている。500人以上のミネソタ州の若者を調査した研究では，半数以上が大切なペットを失った経験を有しており，その中でそのことに関心がないと報告したのはたった2人だった[★55]。ペットを失った多くの若者は，後悔の念をもち，深い悲しみを感じていた。

　スコットランドの子どもを対象に実施されたペットロスの体験と感情に関する調査では，ペットのことをどう思っているかと，ペットが死んだらどのように感じるかを答えてもらった。その結果，44％の子どもがペットの死を経験し，それらの3分の2がペットの死に対して深い悲しみを表現していた。多くの場合，子どもたちは自分の心の中でそれに対処したり，両親と話し合ったりしていた。悲しみが解消されない場合には，両親は進んで別の動物を飼おうとはしなかった[★56]。

　子どもがペットロスに対してどのように反応するかは，子どもの年齢と情緒的な成長の度合い，子どもがペットと一緒に過ごしてきた時間，子どもとペットの関係の質，ペットを失った時の状況，子どもに与えられる援助の質などによって大きく異なる。まだ学校に通いはじめていない子どもはペットと深い絆を築くことはなく，ペットロスを取り返しのつかないことだと考えることもない。研究者によると5歳以下の子どもはペットロスを一時的にいないものだととらえ，5歳から9歳ぐらいまでの子どもはペットロスは避けられるものだと信じている[★57]。学齢期の子どもは少しばかりの間，深い悲しみの感情を示すが，新しい動物が持ち込まれたりした場合には，すぐに普通の状態に戻る。ほとんどの幼い子どもは，死んでしまった動物に会いたがるが，それは基本的な情緒的欲求を満たすためにではなく，あそび仲間として会いたがっているのである[★58]。

　ペットロスで深い悲しみを体験するのは若者である。青年期のはじめ頃から，子どもは死が最終で，永遠であり，必然であるという大人の感覚を理解するようになる[★59]。青年期の子どもは悲しみを乗り越えるのに長い時間がかかる。

なぜならこの時期にペットとの関係はより強固なものになる傾向があるからである★60。若者がどのようにペットロスに反応するかはペットの死にまつわる状況によって異なる。老死，病死，交通事故死，盗まれたり，譲渡されたり，負傷したりといったさまざまな理由でペットはいなくなる。ある研究では，負傷により急死したペットを飼っていた若者はペットを失ったことに悲しみを覚え，ペットを死なせてしまった相手に怒りや報復の感情が向けられる場合もあると報告されている★61。虐待を受けている子どもや精神障害のある子どもはペットロスに苦しむ可能性が高かった。またペットを事故でなくしてしまったり，死なせてしまったりする可能性も高かった。さらに，そのような子どもは誰にも相談することができず，ペットロスから大きな精神的ダメージを受けていた。

　ペットロスがもたらす死別は，身近な人を失うこととほぼ同じであると一部の精神科医は指摘している★62。子どもたちの中には，強い悲しみに驚き，困惑してしまい，その悲しみを他人に気づかれないようにしなければならないと感じてしまう者もいる。親は子どもの悲しみを敏感に察知すべきであり，その影響を過小評価したり，甘く考えたりすべきではない。一部の幼い子どもはペットの死は彼らの悪事に対する罰であると考えたりする。もしそうであるならば，子どもにはペットの死に対する責任は何もないと伝えて，安心させる必要がある。また，新しいペットが子どもに与えられなければならないが，いつの時期がよいのかについての定説はない★63。

ペットロスと高齢者

　高齢者入所施設，特にペット訪問プログラム（pet visitation programme）があるところでは，ペットの死は頻繁に語られるトピックである。入所者がペットロスの状況について細かなことまで詳しく説明することがよくある。入所している高齢者が昔のそのような出来事を内容豊かに，感情を込めて表現するのだが，記憶力が低下している人の場合には実に印象的である。ある研究は，そういったペット訪問プログラムで接したペットと人の関係が，一般的なペットと人との関係よりも希薄であると報告している。また，ペットの死は人間の

死やモラルに関するさまざまな考えを引き出すテーマである．一部の高齢者は，ペットの寿命を延ばせたことに得意になり，どれだけ長くペットを飼ってきたかについて熱心に語ることがある★64．他人の死や機能減退を目の当たりに見ている虚弱高齢者では，ペットのことについて話すことは間接的に自身の余命についての願いを語る機会にもなっている．

動物の生死について覚えているということは，それ自体に意味がある．ペットはただ単に忘れられない体験と亡くなった人との関係で思い出されたり，偲ばれたりしているわけではない．施設に入所している高齢者の多くは，倫理観の源泉としてペットのことを話していた．すなわち，ペットは愛情を表すこと，忠誠心と信頼を示すこと，人に配慮したり親切にしたりすることを教え，楽しい人生を提供することで褒められるということである．また，家族の一員としてペットを認知することで，高齢者自身の死に一連の個人的な意味を付与させていた．大切にしていた動物が死んでしまったが，違う動物を愛することはできないから決して新しい動物を飼わなかったと話す高齢者も少数であるがいる．

ペットロスは，死が伴わなくてもとても苦しいことがある．年をとった盲導犬（guide dog）の交代は目の不自由な飼い主にとって，実際の動物の死と同じように，また人によっては友人を失ったかのような深い悲しみになる．多くの場合，年をとった盲導犬を引き渡してしまうのはよくない．もし可能ならば，役割終了後もそのまま一緒にいるか，飼い主であった人が選んだ引き取り主に渡すことが望まれる★65．

ペットと人間との死別

コンパニオン・アニマルと強い愛着関係を築いた飼い主がペットロスそのものによって情緒的な苦痛を感じる一方で，ペットは親しい友人を失った人間の助けにもなってくれる．夫に先立たれた妻は，ペットを飼うことによって，効果的にその苦しみを取り扱い，身体的，心理的苦痛をより少なく抑えることができたと報告されている．配偶者を亡くした時にペットを飼っていた女性は，ペットを飼っていなかった人に比べて，それほど抑うつ状態が強くはなく，ペットの存在が，非常に苦しくつらい時期に貴重な情緒的サポートを与えている

のだという研究もある★66。

　この結果は，犬を飼っている人は飼っていない人よりも配偶者の喪失にうまく適応できたと報告する別の研究の成果を裏づけるものである。犬との絆が強ければ強いほど，この効果は顕著になる。ペットを飼っていない人は配偶者を失ったことのつらさから多くの身体的，心理的症状を訴えたが，ペットと深い絆のある人は健康状態の悪化を訴えることがほとんどなかった。長期間，犬と一緒に過ごしていれば，犬の飼い主は喪失に対して高い対処能力を示すようになる★67。

🐾 引用文献 🐾

〈＊マークの文献は邦訳あり，巻末リスト参照〉

1　Rynearson, E.K. Humans and pets and attachment. *British Journal of Psychiatry*, 133, 550–555, 1978.
2　Cain, A.O. A study of pets in the family system. In A.H. Katcher and A.M. Beck (Eds) *New Perspectives on Our Lives with Companion Animals*. Philadelphia: University of Pennsylvania Press, 1983.
＊3　Nieburg, H.A. and Fischer, A. *Pet Loss: A Thoughtful Guide for Adults and Children*. New York: Harper & Row, 1982.
4　Fogle, B. and Abrahmson, D. Pet loss: A survey of attitudes and feelings of practising veterinarians. *Anthrozoos*, 3(3), 143–150, 1990.
＊5　Levinson, B.M. *Pet-oriented Child Psychotherapy*. Springfield, IL: Charles C. Thomas, 1969. Levinson, B.M. Pets, child development and mental illness. *Journal of the American Veterinary Association*, 157, 1759–1766, 1970. Macdonald, A. The pet dog in the home: A study of interactions. In B. Fogle (Ed.) *Interrelations between People and Pets*. Springfield, IL: Charles C. Thomas, 1981.
6　McHarg, M. *Pets as a Social Phenomenon: A Study of Man–Pet Interactions in Urban Communities*. Melbourne: Pet Care Information and Advisory Service [117 Collins Street, Melbourne], p.14, 1976.
7　Levinson, B.M. *Pets and Human Development*. Springfield, IL: Charles C. Thomas, 1972.
＊8　Fogle, B. *Pets and Their People*. Glasgow: Williams, Collins, Sons, 1983.
9　Schneider, R. Pet ownership: Some factors and trends. Paper presented at the second Canadian Symposium on Pets and Society, Vancouver, BC, Canada, 1979.
10　Netting, F.E., Wilson, C.C. and Fruge, C. Pet ownership and non-ownership among elderly in Arizona. *Anthrozoos*, 2, 125–132, 1988.
11　Shirley, V. and Mercier, J. Bereavement of older persons: Death of a pet. *The Gerontologist*, 23, 276, 1983.
12　Keddie, K.M.G. Pathological mourning after the death of a domestic pet. *British Journal of Psychiatry*, 131, 21–25, 1977.
＊13　Messent, P.R. Animal-facilitated therapy: Overview and future directions. In A.H. Katcher and A.M. Beck (Eds) *New Perspectives on Our Lives with Companion*

Animals. Philadelphia: University of Penssylvania Press, 1982.
14 Beck, A.M. and Katcher, A.H. A new look at pet-facilitated therapy. *Journal of the American Veterinary Medical Association*, 184(4), 414–421, 1984.
15 Shirley V. and Mercier, J. 1983, op.cit.
16 Levinson, B.M., 1972, op.cit.
17 Nagy, M. The child's theories concerning death. *Journal of General Psychology*, 73, 3–27, 1948. Swain, H.L. Childhood views of death. *Death Education*, 2(4), 341–358, 1979.
18 Levinson, B.M., 1972, op.cit.
19 Katcher, A. and Friedmann, E. Potential health value of pet ownership. *Compendium on Continuing Education*, 2(2), 117–122, 1980.
20 Quackenbush, J.E. Pet bereavement in older owners. In R.K. Anderson, B.L. Hart and L.A. Hart (Eds) *The Pet Connection*. Minneapolis, MN: University of Minnesota Press, pp. 292–299, 1984
21 Macdonald, A. The role of pets in the mental health of children. In *Proceedings of the Group for the Study of the Human/Companion Animal Bond*. Dundee, Scotland: University of Dundee, pp. 6–9, 1979.
22 Nieburg, H.A., 1982, op.cit.
23 Hopkins, A.F. Pet death: Effects on the client and the veterinarian. In R.K. Anderson, B.L. Hart and L.A. Hart (Eds) *The Pet Connection*. Minneapolis, MN: University of Minnesota Press, pp. 270–282, 1984. Keddie, K.M.G., 1977, op.cit. Levinson, B. M., 1972, op.cit.
24 Lombardo, W.K., Cretser, G.A., Lombardo, B. and Mathies, S.T. Fer cryin' out loud – There is a sex difference. *Sex Roles*, 9, 987–995, 1983. Williams, D.G. and Morris, G.H. Self-reports of crying behaviour by British and Israeli adults. *British Journal of Psychology*, 87, 479–505, 1996.
25 Stewart, M. Loss of a pet – loss of a person: A comparative study of bereavement. In A.H. Katcher and A.M. Beck (Eds) *New Perspectives on Our Lives with Companion Animals*. Philadelphia: University of Pennsylvania Press, pp. 390–404, 1983.
26 Wilbur, R.H. Pets, pet ownership and animal control: Social and psychological attitudes. In *Proceedings of the National Conference on Dog and Cat Control*. Denver: American Humane Association, pp. 1–12, 1976.
27 McCulloch, M. The pet as prosthesis-defining criterion for the adjunctive use of companion animals in the treatment of medically ill, depressed outpatients. In B. Fogle (Ed.) *Interrelations Between People and Their Pets*. Springfield, IL: Charles C. Thomas, 1981
28 Keddie, K.M.G., 1977, op.cit.
29 Carmack, J. The effects on family members and functioning after death of a pet. *Marriage and Family Review*, 8, 149–161, 1985.
30 Brown, B.H., Richards, H.C. and Wilson, C.A. Pet bonding and pet beareavement among adolescents. *Journal of Counselling and Development*, 74(5), 505–509, 1996.
31 Yoxall, A. and Yoxall, D. Proceedings of meeting of Group for the Study of Human Companion Animal Bond, Dundee, Scotland, 23–25 March, 1979.
32 Stewart, C.S., Thrush, J.C., Paulus, G. and Hafner, P. The elderly's adjustment to

the loss of a companion animal: People pet dependency. *Death Studies*, 9(5–6), 383–393, 1985.
33 Katcher, A.H. and Rosenberg, M.A. Euthanasia and the management of the client's grief. *Compendium on Continuing Education*, 1, 887–891, 1979.
34 Cowles, K.V. The death of a pet: Human responses to the breaking of a bond. *Marriage and Family Reviews*, 8, 135–149, 1985.
35 Cowles, K.V., 1985, ibid.
36 Weisman, A.S. Bereavement and companion animals. *Omega*, 22, 241–248, 1990.
37 Katcher, A.H. and Rosenberg, M.A., 1979, op.cit. Thomas, C. Client relations: Dealing with grief. *New Methods*, 19–24, 1982.
38 Nieburg, H.A., 1979b, op.cit.
39 Cowles, K.V., 1985, op.cit.
40 Harris, J.M., 1984, op.cit. Katcher, A.H. and Rosenberg, M.A., 1979, op.cit.
41 De Groot, A. Preparing the veterinarian for dealing with the emotions of pet loss. In R.K. Anderson, B.L. Hart and L.A Hart (Eds) *The Pet Connection*. Minnesota, MN: University of Minneapolis Press, pp. 285–290, 1984.
42 Bernbaum, M. The veterinarian's role in grief and bereavement at pet loss. *Cornell Feline Health Centre News*, 7, 1–3, 6–7, 1982. De Groot, A., 1984, op.cit.
43 Harris, J.M., 1984, op.cit. Levinson, B.M., 1972, op.cit.
44 Harris, J.M., 1984, op.cit.
45 Archer, J. and Winchester, G. Bereavement following death of a pet. *British Journal of Psychology*, 85, 259–271, 1994.
46 Quackenbush, J.A. and Glickman, L. Social work services for bereaved pet owners: A retrospective case study in a veterinary teaching hospital. In A.H. Katcher and A.M. Beck (Eds) *New Perspectives on Our Lives with Companion Animals*. Philadelphia: University of Pennsylvania Press, 1984.
47 Carmack, J., 1985, op.cit.
48 Carmack, J., 1985, op.cit.
49 Weisman, A.S., 1990, op.cit.
50 Carmack, J., 1985, op.cit.
51 Parkes, C.M. *Bereavement: Studies of Grief in Adult Life*, 2nd edn. London and New York: Tavistock, 1986
52 Fox, M.W. Relationships between human and non-human animals. In B. Fogle (Ed.) *Interrelations Between People and Pets*. Springfield, IL: Charles C. Thomas, 1981.
53 Levinson, B.M., 1972, op.cit.
54 Levinson, B.M. The pet and the child's bereavement. *Mental Hygiene*, 51, 197–200, 1967.
* 55 Robin, M., ten Bensel, R., Quigley, J. and Anderson, R. Childhood pets and the psychological development of adolescents. In A.H. Katcher and A.M. Beck (Eds) *New Perspectives on Our Lives with Companion Animals*. Philadelphia: University of Pennsylvania Press, pp. 436–443, 1983.
56 Stewart, R.B. Sibling attachment relations: Child–infant interaction in the strange situation. *Developmental Psychology*, 19, 192–199, 1983.
57 Nieburg, H. and Fischer, A. *Pet Loss: A Thoughtful Guide for Adults and Children*. New York: Harper & Row, 1982.

58 Stewart, C.S., 1985, op.cit.
59 Nieburg, H. and Fischer, A., 1982, op.cit.
60 Nieburg, H. and Fischer, A., 1982, op.cit. Stewart, R.B., 1983, op.cit..
61 Robin, M. et al., 1983, op.cit.
62 Levinson, B.M., 1967, op.cit.
63 Stewart, R.B., 1983, op.cit. Nieburg, H. and Fischer, A., 1982, op.cit.
64 Stallones, L., Marx, M.B., Garrity, T.F. and Johnson, T.P. Attachment to companion animals among older pet owners. *Anthrozoos*, 2, 118–124, 1988.
65 Nicholson, J., Kemp-Wheeler, S. and Griffiths, D. Distress arising from the end of a guide dog partnership. *Anthrozoos*, 8(2), 100–110, 1995.
66 Akiyama, H., Holtzman, J.M. and Britz, W.E. Pet ownership and health status during bereavement. *Omega: Journal of Death and Dying*, 17, 187–193, 1986.
67 Bolin, S.E. The effects of companion animals during conjugal bereavement. *Anthrozoos*, 1(1), 26–35, 1987.

第 10 章
なぜ，ペットとの関係はうまくいかなくなるのか？

　これまでの章で，ペットは我々の家でともに暮らす動物として，さまざまな役割を果たしていることを見てきた。厳格なダーウィン学派の立場からすれば，ペットは人間に寄生しているということになるが★1，にもかかわらず，世界中で何百万もの人がペットとの暮らしを選んでいるし，中には，野生動物とともに暮らす者もいる。ペットは，信頼のできるよき友，子どもにとっての親・きょうだいの代わり，孤立や孤独の状態に置かれた人の交際相手となり，信頼し，愛情や思いやりにあふれた関係を楽しむことができる家族の一員としての役割を果たしてきた★2。ペットは人間の生活に安定をもたらし，大人にとっても子どもにとっても，心の落ち着きを保つ源として役立っているという見方もある★3。

　成人後のペットの飼育は，子どもの頃のペットの飼育の経験と関連している。サーペル（Serpell, J. A.）による調査によれば，成人してペットを飼っている人は，そうではない人に比べて，子どもの頃のペットの飼育率が高いことがわかっている。さらに，今はペットを飼っていない人も，子ども時代にペットを飼っていた人は，条件が許せばまたペットを飼うこと考えると答える傾向が高かった★4。ペットとともに成長してきた者は，成人後に家庭をもった時に，動物との絆を容易に形成できる。カリフォルニアの動物愛護者を対象とした調査によれば，人は，子どもの頃に飼ったのと同種のペットに親しみをもつという★5。したがって，子どもの頃にペットを飼っていた人は，成人後にペット

を飼う率が高いだけではなく，その後の人生でもペットに強い愛着をもつ傾向が高いといえる★6。

　すべての年代において，人はペットから，社会的にも情緒的にも多くの恩恵を受けているが，ペットとの関係はいつもうまくいくとは限らない。実際，関係が非常に悪い場合も多い。ペットを初めて手にした時にいだいた期待に，ペットがこたえてくれていないと感じる飼い主もいる。飼い主は，新しい犬や猫を手にすると，その動物にある種の関係を期待し，将来，ともに暮らす中で，その動物が特定の望みをかなえてくれるだろうと考える。しかし，ペットとの関係がうまくいくかどうかは，最初の時点で，飼い主が動物にどれだけ気持ちを入れ込むかによるところが大きい。初めにいだいた期待にペットがこたえてくれないことに落胆すると，ペットとの関係は全般に悪くなるだろう。たとえば，自分が飼った犬が，初めの期待に応えてくれないと感じると，概して飼い主は，犬との間に強い愛着関係を築くことができないので，ますます満足できなくなってしまう。たいていの場合，犬の飼い主が落胆するのは，犬があそび相手としておもしろくなかったり，友好的でなかったり，信頼できなかったりする場合である。同様に，猫の飼い主も猫にあまり愛着がもてないと，猫も飼い主が期待するほどの愛情を示さないので，ますます不満に思うようになる★7。

　親が家族のためにペットを飼うのは，親自身が子どもの頃にペットと暮らしたからということがあるが，ペットを飼うことで，子どもに現実的な恩恵があると考えるからでもある。子どものためにペットを飼うおもな理由は，ペットが子どものあそび相手になったり，子どもが責任感をもったり，ペットから何かを学べると考えられるからである。しかし，そのような恩恵を親が期待しても，それは必ずしも満たされるという訳ではない。実際，子どもがペットの健康に責任をもつだろうと期待して子どもにペットを買い与えても，結局，母親が世話をしていることはよくあることである★8。子どもが，ペットを飼うことにより，責任をもつことや世話をすることを学ぶだろうと親が期待しても，子どもがそれを学ばなかったり，そのような行動を示さなかったりすると，親はがっかりしてペットを飼ったことを後悔し，ペットに拒否的になったりペットを捨ててしまうこともよくある。

しばしば男性は女性以上にペットが子どものあそび相手になってくれることを期待する。特に男性はペットが子どものあそび相手となり，子どもに責任をもつことを教えてくれると思っている。女性はペットが愛情の源になると思っている。子どものペットとして犬を手に入れた親は，犬が子どもにとって仲間，親友，情緒的サポートの源泉になると思っている。ペットが子どもの仲間やあそび相手になっていると思えなければ，ペットが拒絶される可能性は高い。一方，ペットの飼い主が愛着をもつほど，動物を捨てる傾向は少ない。

　ペットを捨てる人は，ペットに期待すべきものを真に理解していないのかもしれない。彼らの多くが，これまでにペットの世話をした経験はなく，初めて動物を飼うのである。このことは，ペットに期待すべきことや，動物を飼うことによって起こることについて彼らが現実的な考えをほとんどもっていないことを意味している。ペットには，お金や時間や養育の手間がかかる。ペットを飼い続けている人とペットを捨てる人が，動物の同一の問題行動に対して違う解釈や反応をするのは興味深い。ペットにあまり愛着がもてない飼い主にとっては，猫が家具を引っかきカーテンによじ登ることや，犬がおもちゃやカーペットを噛むことが，ペットを捨てる十分な理由となる。一方，ペットに対して強い愛着をもつ人は，そのような行動は普通に見られる行動であり，一時的にその種の行動が見られても，それをなくすよう訓練できると考えたり，ゆくゆくはそのような行動から卒業するだろうと考えたりする★9。

ペットに対する虐待行為

　ペットに対する虐待行為とは，動物全般に対する広範囲の懲罰的行為の一つである。動物虐待の容認度合いは，個人や文化によって異なるが，動物に関する社会的規範，規制，および，動物に想定される文化的ないし社会的役割と密接に結びついている。動物の扱い方について，許容される行為の範囲について

は，しばしば法的にまとめられている。

　たとえば，イギリスにおいて，動物に対する見方が真剣になったのは18世紀に入ってからであった。その頃は，一流の画家の作品の中に，犬や馬が頻繁に登場するようになった時期である。その頃描かれた動物の肖像は，ある社会階級において動物が果たしていた役割を表すものであった。つまり，馬や動物は動物を傷つけたり殺したりするスポーツの中で，人間の補佐として重要な役割を果たしていたのである。もちろんそれらの芸術作品は，そのような娯楽にふけっていた社会階層の人々が依頼して作らせたものである。それよりも低い社会階層における「スポーツ」では，闘牛や闘鶏といった活動の中に動物は放り込まれていた。

虐待を防止する法律

　イギリスでは19世紀初頭に動物を保護する最初の法律が議論された。初めは，牛に絞った法律が出されたが，その後数年のうちに，政府によって雛鳥を含めた広範囲な動物を保護するための法律を定めることが試みられた。

　1822年に，馬，牛，羊のような農場動物の虐待を違法とするマーティン法が通過した。この法律は，家庭における飼育動物（ペット）も保護するものであった。家族内において，妻や子どもへの暴力行為が違法とされる数十年も前に，動物虐待が違法とされたことは注目に値する興味深い事実である。1820年代中頃までに，動物虐待防止協会が設立された（1840年には「王立の（Royal）」という語が名称の最初についた）。1911年には，動物保護法案が通過し，1966年には野生哺乳類法によって，イギリスに生息する野生動物に対する虐待行為が違法とされた。ただしその時はシカとキツネは対象外とされた★10。

　ある方面から公的な反対運動が起こったもう一つの行為は，科学実験における動物使用に関するものである。この行為は，反生体解剖協会（National Anti-Vivisection Society）を筆頭とするいくつかの圧力団体によって，一般市民に隠された合法的な動物虐待行為の一種と見なされた。1986年には，動物に関する科学的手続きを定める法律が作られたけれども，それは科学研究における動物使用の基準を定め，管理することを目的に作られたものであったため，生きた動物に麻酔なしで去勢手術をしたり，毒を与えたりする研究や，生命の

危険を感じる不快な状態に動物を置くような研究が相当行われた。しかし科学研究において消費できる被検体として動物を使用することは，最終的には人間の生命救済を目的とした治療や発見につながるものであり，その発見のために他の手段がないと思われる時には妥当なことだと思われていた。とはいえ，そのような習慣が一般に認められていたのは，実験で動物に行われている行為を直接目撃した者がほとんどいなかったからにすぎない。その後アザラシの殺害処分といった残忍な行為に公衆の注目が集まり，世論が急速に盛り上がり，動物の利益を守るためのより厳しい法律が生まれた。

またあるジーンズメーカーが，以前ケビンというハムスターがスクリーン上で死んだようにみえるテレビCMを出したが，そのCMに対するイギリスの世論の反応をみると，動物虐待の直接の証拠を見せられた時に我々がいかに敏感になるかがよくわかる。この時，ハムスターは実際には危害を加えられていなかった。広告の中で「死んでいた」ハムスターは，実はハムスターのぬいぐるみだった。たとえそうだとしても，世論の抗議は非常に強く広告はすぐに中止された。抗議した人のおもな心配は，「ケビン」は本当は死んでないことに幼い子どもが気づかないかもしれない，ということにあった。しかし，死んだ動物の写った場面が，テレビを見る成人視聴者の神経にさわったという可能性も考えられる。それだけ，動物愛護の国イギリスが，動物虐待のわずかな徴候にも非常に敏感になっていたということである。

ペットに対する虐待の根本的原因

ペットに対する虐待は，より狭義の動物虐待を示すものである。その状態は家庭でのペットの立場から生じるものである。これまで見てきたように，多くの飼い主にとって，ペットは家族の一員と見なされ，そのように扱われている。したがって，ペットへの虐待は，家族の一員への虐待に似ている。ペット以外に対する家庭での虐待と同様に，ペットに対する敵意も，子ども時代に根本的な原因がある。

子ども時代の動物虐待に対する関心は，動物虐待は人間の品性を損ね，人間どうしの虐待を引き起こすという考えから生じた[11]。この考えは，聖トマス・アクィナス（Thomas Aquinas：1225-74）によって明確に述べられてい

る。彼は「教典では，我々が野生動物に対して残忍であることを禁じていると思われる……というのは……動物を虐待することによって，人間を虐待するようになり，動物にけがをさせることが，人間にけがをさせることにつながるからである」と述べている★12。同様に，哲学者モンテーニュ（de Montaigne, M. E. : 1533-92）も「動物に対して虐待的傾向をもつ者は，本来的に虐待に向かう性質をもっている」と書いている★13。

17世紀から18世紀まで，動物が苦痛を与えられることや，その苦痛に対して保護する必要があることはほとんど意識されなかった。それが意識されだしたのは，街や工業が発達する中で，動物がますます辺境に追いやられたことと関連している。動物をペットとして家に入れることが社会的にだんだんと容認され，それが倫理的な配慮を行うべき動物もいるという考えの基礎をつくった★14。イギリスの芸術家，ウィリアム・ホガース（Hogarth, W. : 1697-1764）は，動物虐待を非難し，虐待が人間にもたらす結果について理論化した最初の芸術家である。虐待の4つの段階について描いた彼の絵画（1751年）は，彼の時代に犯罪や暴力が頻繁に起こっていることに注意を向けさせるために作られたものである。4枚の絵画は，虐待の進展の様子をたどったものである。1枚目は子どもが犬を虐待している様子，2枚目は若い男が障害を負った馬を殴っている様子，3枚目は男が女性を殺している様子，4枚目は主人公自身が殺される様子を描いている。1738年にホガースは「私は，人だろうと動物だろうと，ありとあらゆる迫害的行為に対して反対するプロフェッショナルである」と宣言している★15。

動物への虐待と，人間への暴力との関連を指摘したのはミード（Mead, M.）であった。彼女は，子ども時代の動物への虐待行為は，成人後の反社会的な暴力行為の前兆であることを示唆した★16。子ども時代の動物虐待は，おもらし，放火と同様に，成人後の暴力行為や犯罪行為を高い可能性で予測できる行為と見なされている。人に対する攻撃的行為により罪を問われた31人の囚人に対する調査を行ったところ，4分の3の囚人において，動物虐待，おもらし，放火の3つすべて，または一部の行為が認められた。その研究の著者は，彼ら囚人の攻撃的行動は，親の虐待やネグレクト（養育放棄）に対する敵意から生じたものであると論じている★17。

さらに，動物虐待と，児童虐待や反社会的行動との間の関連性も明らかになった[18]。動物虐待の前歴があると判断された18人の少年のうち，3分の1は放火の経験があった。動物虐待に対する最も共通する要因は，親の虐待であった。他の研究でも，動物虐待，児童虐待，反社会的行動の3つが，後の犯罪行為を予測する変数であった。子どもが動物をいじめている場合には，子ども自身も親から激しい身体的暴力をふるわれていることが共通していた。また，親の攻撃行為よりも愛情の剥奪が動物虐待と強く関連していた[19]。

カンザス州とコネチカット州において，犯罪者と非犯罪者あわせて152人を対象に行った研究では，最も凶悪な犯罪者は，子どもの頃に動物虐待をしていた率が異常に高いことが明らかとなった。最も凶悪な犯罪者のうち，動物虐待行為を5回以上行っていた者は25％いた。一方，犯罪の凶悪さが中程度，または凶悪ではない犯罪者の場合では6％未満，非犯罪者では0％であった。さらに攻撃的な犯罪者の家族は非常に暴力的であった。子ども時代に過度の虐待をくり返し受けたと回答した者は，攻撃的な犯罪者では75％であったのに対し，攻撃的でない犯罪者では31％，非犯罪者では10％にすぎなかった。なお，非犯罪者でも，親からの虐待経験者の75％は，子どもの頃に動物虐待の経験があるということは，注目すべきことである[20]。

ほどんどの子どもがペットの虐待に対して敏感になる一方で，虐待や情緒的なショックを受けた子どもの中には，ペットを力や支配権を得る対象としてしまう者もいる。ある研究者は「人は，たとえどんなに不当に扱われ，辱めを受けたと感じても，犬を蹴飛ばすことはできるものだ」と述べている[21]。つまり動物虐待は，人間に攻撃できない代わりに動物に攻撃しているということである。激しい虐待を受けた子どもは，動物の苦痛に共感する力がないために，良心を痛めることなく，動物に欲求不満や敵意をぶつけるのである。動物虐待は無力感や劣等感に対する代償行為といえる。

機能不全を起こした家族関係の性質

機能不全を起こした家族における動物の役割に関する報告は，2種類に分けられる。一つは，混乱した家族内における子どもと動物との関係の現状に焦点

を当てたものである。もう一つは、ペット自身が、機能不全を起こした家族システムに巻き込まれる経緯に焦点を当てたものである。

　そのような事例を経験した児童精神科医によれば、機能不全を起こした家族、子どもとペットの関係に与える問題は次の3つに分けられるという。①子どもとペットの通常の愛着関係がなくなってしまい、その関係が不安定となったり、強迫的なまでに動物を世話するような関係となったりする場合。この場合、動物の死に伴い病理的な喪失反応が生じることがしばしばある。②親に対する恐怖心が置き換えられ、動物に対する恐怖症として現れる場合。③未解決の不安や怒りが、動物に置き換えられ、または投影されて、動物虐待に至る場合[★22]。

　家族の問題が、自動的にペットへのひどい扱いにつながるわけではない。虐待経験のある者を含む500人の青年に行った研究では、虐待を受けた子どものほとんどがペットについて非常によい経験をしていた[★23]。この研究によれば、虐待経験のある子どもは、虐待経験のない子どもに比べて自尊心が特に低く、ペットに対しては、ペットを唯一の愛着対象と思い、ペットに愛情と支援を強く求める傾向があった。しかし、虐待経験のある子どもが飼っているペットは、虐待経験のない子どものペットよりも、子ども以外の手による暴力や殺害を受けている率が高かった。また、虐待経験のある子どもは、ペットを失ったことについて話せる人がいない率が高かった。

　ペットは、問題のある家族と暮らすとストレスに対して反応することがわかっている。この場合、ペットは、病気になったり、強い苦痛を受けて死に至ったりすることもある[★24]。ペットは、家族の感情に非常に敏感である[★25]。対人恐怖症が家人に蔓延して、ペットまでが外出を怖がるようになったという家族の事例も報告されている[★26]。

　機能不全の家族において、子どもはペットを逃避の手段として用いることがある。このような状況では、子どもはペットに愛着をもちすぎてしまい、ペットがすべての人間関係に取って代わってしまうことが時どきある。そのような子どもは、過度に一般化された人間への基本的な不信感をいだくようになる。このような人間への愛着に対する基本的な不信感のために、愛情と保護の対象として常に受け入れてくれるペットに対し、強い愛着の置き換えが生じる。そのような子どもは非常に自尊心が低く、ペットに暖かみや愛情を強く求める。

その一方で，他の人間に対して情緒的関係を築く力は弱まる★27。

子どもによるペットの虐待

　既に第7章で述べたように，子ども時代の心理的障害には，動物虐待も含まれる。しかし，動物を乱暴に扱う様子が一度でも見られたからといって，子どもに障害があると早合点してはならない。たとえば，非常に幼い子どもは，動物を引き回したり，転がしたり，不用意に扱うことがよくある。しかし，彼らは動物に慣れていないため，自分がしていることがどういうことか理解していないのかもしれない。しかし，持続的に乱暴な行動が認められ，それがたとえば動物に火をつけたり，動物どうしのしっぽを結んだり，ペットを殺したりなどの行為であれば，問題のあるパーソナリティのきざしが顕れているといえる★28。動物に対する残忍な行動は，より大きな問題へとつながる可能性があるが，このような行動について，前述のように，別の説明もなされている。ある児童精神科医が報告した9歳の少年の事例である。この事例では，知能は正常であったが，ペットの猫や犬だけでなく，自分の兄弟を含む他の子どもを攻撃していた。その精神科医が調べた結果，その少年の怒りは，自分が死に至る筋肉の病気と診断されたことを知ったのが原因だった（訳注：第7章参照）★29。

　子どもによる動物虐待に関する初期の多くの研究では，虐待を受けた動物が，虐待した子どもが飼っているペットだったのか，それとも，子ども自身はペットを飼ったことがなく，たまたまかかわった動物に虐待をしたのか，ということは考慮されていなかった。ロビンとテン・ベンゼル（Robin, M. & ten Bensel, R.）は，ミネソタ州の刑務所に収監された81人の暴行犯についての研究を報告している。その研究では，暴行犯の86％は，これまでにペットを飼った時期があり，その時期は彼らにとって特別なものと思われていた。回答者の95％は，ペットに対して，仲間意識，愛情，愛着，保護，楽しみを感じていた★30。暴行犯は，子ども時代に家で犬を飼っている割合が高かった。比較対照群は，犬や猫以外の動物をペットとして飼っている割合が高かったが，暴行犯のグループでは，トラやオオカミの子ども，クーガー（ピューマ）のような「型破りの」ペットを飼っている割合が高かった。ペットについて起きた出来事を尋ね

た時,両グループの60%以上の者が,ペットを死や盗難によって失ったと話した。しかし,暴行犯のグループではペットが銃殺された率が高かった。さらに暴行犯のグループでは,ペットの死に対して怒っている傾向があった。また暴行犯のグループでは,80%の者が,現在犬か猫を飼いたいといっていて,その割合は比較対照群の39%に比べて顕著に高かった。このことは,収監者に対するペットによる治療的介入の可能性が示唆されると同時に,刑務所の環境が剥奪的であることも示唆していた[31]。

また,ロビンとテン・ベンゼルは,2つの少年院で暮らす13歳から18歳までの206人と,精神科の思春期病棟の32人の合計238人の若者を対象に,ペットとの経験について尋ねたもう一つの調査を報告している。この調査結果は,都市の高校に通う269人の若者と比較された。虐待を受けた238人の若者を調べたところ,91%がお気に入りのペットを飼っていて,そのうち,99%が,そのペットをとても好きで愛していると答えた。比較対照群（$n=242$）の同じ質問の結果では,その割合は,順に90%,97%だった。これらの結果は,虐待を受けた経験の有無にかかわらず,子どもにとってペットは,情緒的な生活の中心的位置を占めていることを示唆している。ペットを飼うこと自体が,子どもの情緒的・行動的障害を予防すると考えている者にとっては,ペットは矯正手段としても考えられるのである[32]。

また,動物への虐待という点でみると,施設に入所している若者が飼っていたペットの多くが,虐待を受けていたこともわかった。しかし,たいていの場合,虐待をした者は若者以外の者だった。若者が親からペットを守ろうとした例もいくつかあった。たとえば,ある子どもは「猫をからかうと,猫は怒るんだ。すると,パパとお姉ちゃんは猫を蹴ったり,叩いたりするんだ。僕は怒って,彼は弱いんだから,いじめちゃダメって言ったんだ」と書いている[33]。

動物を虐待したと話した若者たちにおいて,最もよく表れる反応は悲しみと呵責の念である。ある子どもは「昔,僕が犬を外に出していて叱られたので,僕は犬を蹴っ飛ばしたんだ。でも,その後,本当に悪いと思って犬をいっぱい慰めたんだ」と言った。1人の若者を除いて,ペットに虐待をした者はすべて,ペットが好きで愛しているし,ペットを傷つけてしまい悪かったと思っていた。1人の若者だけは,ペットを傷つけても気にならないと述べたが,彼の報告に

はペットに対する加虐趣味と思われる証拠は認められなかった。

　子どもに対する罰として，ペットを痛めつけたり，殺したりする事例が多く報告されている。「お前のペットを痛い目にあわせるぞ」と脅すのが，子どもを虐待した者が，虐待について口止めさせる際に用いる共通の手口である。また，ロサンゼルスで最近発覚した子どもの性的虐待に関する事例では，虐待した大人は子どもの目の前で小さな動物を虐殺し，虐待のことを人に話したら親に同じことをすると脅して，子どもを黙らせたと報告されている[★34]。

問題のある飼い主

　ペットに対する反応が，すべて肯定的なものとは限らない。あるアメリカの調査報告によれば，犬の飼い主の5人に1人は自分の犬が好きではないと述べていた[★35]。しかし，問題となるようなペットとの関係は，ペットが単に嫌いというレベルをはるかに超えている場合がある。実際，ペットに虐待を加えている飼い主もいる。ペットに向けられた怒りが，もともとは，家族の他の者に向けられたものだったという例もある。内心で怒っていて，家に帰ってから猫を蹴り飛ばすという，欲求不満をもった者に見られる行為は，月並みではあるが，怒りの「置き換え」として説明できるだろう。やり場のない飼い主の怒りが，置き換えられて，ペットに向かうのである。本当の欲求不満の原因が直接手の届くところにない時も，ペットは格好の的となる。ある研究者は「子どもにとって，ペットは家族の階級の中では下にみえる。だから，たとえそれが不当で，品のないことだとしても，たいていの場合，犬を蹴り飛ばすことはできてしまう（p.70）」[★36]と述べている。

　個人的な問題を抱えた家人によって，ペットとの関係が壊れることもある。いくつかの事例では，他人にはわずかしか気をかけず，動物のこともまったく気にとめないような冷淡な飼い主によってペットが虐待されていた。ペットは，児童虐待も生じている家の中で，虐待的扱いを受けることがある。家族の他の

成員に対して暴力的な者が，家のペットにも暴力をふるうことがあるということだ。児童虐待が行われている家庭では，ペットの扱いと子どもの扱いに，多くの類似点が認められる。それは，動物虐待が，他の家族の問題を潜在的に示す指標となり得ることを示唆している[★37]。

ペットはスケープゴート（生け贄）にされることがある。ある研究では，児童虐待があった53の家庭におけるペットの役割について調べた。その結果，ペットの飼われ方は他の家族と変わりがなかった。しかし，児童虐待があったペットを飼っている家庭のうち，身体的虐待があった家庭のほぼ9割で動物が虐待されていた[★38]。児童虐待が生じている家庭における，ペットと子どもの扱いに類似点があるということは，動物虐待が，家庭内暴力を見つける早期のシグナルとなることを示唆している。

ペットは，飼い主の身代わりに罰を受けさせられるために，虐待の対象となることもある。たとえば，プーゾの小説『ゴッドファーザー』では，マフィアのボスであるゴッドファーザーが，映画プロデューサーの所有する競争馬を殺すことによって，言うことをきかせるというエピソードがあるが，これは動物が身代わりに罰を受けた劇的な例である。しきたりが重視される環境においては，ペットが連れ去られるという脅威は，社会的な支配権の維持に大きく影響する可能性がある。ある研究では，非行少年の多くが，愛していたペットを親や保護者に殺された経験があることが報告されている[★39]。

凶悪犯罪や精神異常の経歴のあるペットの飼い主は，ペットの動物に対して変わった見方をしており，時には，動物に対して暴力をふるうことがあることも明らかとなっている。このことは，精神異常の傾向を示した2人の凶悪犯罪者の研究で明らかにされている。彼らは，自分のペットを殺害したすぐ後に，自分の妻を殺害したと伝えられている。このような証拠だけでは，精神異常傾向のある者のすべてが，動物に対して常に暴力をふるうとか，ペットに対する暴力が，人に対する潜在的な凶暴性を暗示するということまではいえない。それでもやはり動物に対する異常な怒りは，それ自体攻撃衝動の抑制力が弱いという深刻な障害を示唆するものである[★40]。

動物虐待は子どもの頃に始まることが多い。それは，攻撃性を示すさまざまな症候と深くかかわっている。動物虐待を行う子どもは，他の攻撃行動も示す

ことがわかっている★⁴¹。また，前述のとおり，実のところ，動物虐待，おもらし，放火は，その後の青年期の凶暴性を予見する危険な3つの兆候であることが明らかとなっている★⁴²。上記の知見は，精神科の男性患者が，さまざまな攻撃行動の一つとして動物への虐待を行っていたという報告によって，さらに裏づけられている。この研究では，安定した父親の姿がないことが，主要な背景要因であることが認められている。このように見ていくと，ペットに対する攻撃は，人に対する攻撃の代わりであるが，それは，後に，より深刻な暴力にエスカレートしていく可能性がある一種の「習慣」といえるかもしれない。

　ペットに対する飼い主の反応や人間によるペットの扱われ方の問題は，結局のところ支配権という問題に帰着する。ペットが飼い主よりも優位となり，餌の内容や与えられ方，家や屋外での移動範囲，飼い主の命令に従う程度などについて飼い主を支配している場合もある。一方，飼い主が，権威主義または，懲罰的な独裁主義を示すパーソナリティを有していることもある。そのような場合，懲罰的な習慣は，ペット，子ども，家長の望みに応えられなかった家人に向けられ，たいていの場合，身体的な懲罰につながってしまうものである。

引用文献

〈＊マークの文献は邦訳あり，巻末リスト参照〉

1 Archer, J. Why do people love their pets? *Evolution and Human Behaviour*, 18, 233–259, 1996.
2 Levinson, B.M. *Pets and Human Development*. Springfield, IL: Charles C. Thomas, 1972.
3 Heiman, M. Man and his pet. In R. Slovenko and J.A. Knight (Eds) *Motivation in Play, Games and Sports*. Springfield, IL: Charles C. Thomas, 1967
4 Serpell, J.A. Childhood pets and their influence on adults' attitudes. *Psychological Reports*, 49, 651–654, 1981.
5 Kidd, A.H. and Kidd, R.M. Personality characteristics and preferences in pet ownership. *Psychological Reports*, 46, 939–949, 1980.
6 Kidd, A.H. and Kidd, R.M. Factors in adults attitudes toward pets. *Psychological Reports*, 65, 903–910, 1989.
7 Serpell, J.A. Evidence for an association between pet behaviour and owner attachment levels. *Applied Animal Behaviour Science*, 47(1–2), 49–60, 1996.
8 Soares, C. and Whalen, T. The canine companion in the family context. Paper presented at the Delta Society Conference, Boston, MA, 1986.
9 Kidd, A.H., Kidd, R.M. and George, C.C. Successful and unsuccessful pet adoptions. *Psychological Reports*, 70, 547–561, 1992.
10 Kean, H. *Animal Rights*. London: Reaktion Books, 1998.

11 ten Bensel, R. Historical perspectives on human values for animals and vulnerable people. In R.K. Anderson, B.L. Hart and L.A. Hart (Eds) *The Pet Connection*. Minneapolis, MN: University of Minnesota Press, 1984.
* 12 Thomas, K. *Man and the Natural World*. New York: Pantheon Books, 1983.
13 Montaigne, M. de *The Essays of Montaigne*. New York: Oxford University Press, 1952.
14 Thomas, K., 1983, op.cit.
15 Lindsay, J. *Hogarth: His Art and His World*. New York: Taplinger, 1979.
16 Mead, M. Cultural factors in the cause of pathological homicide. *Bulletin of Menninger Clinic*, 28, 11–22, 1064.
17 Hellman, D.S. and Blackman, N. Enuresis, firesetting and cruelty to animals: A triad predictive of adult crime. *American Journal of Psychiatry*, 122, 1431, 1966.
18 Tapia, F. Children who are cruel to animals. *Child Psychiatry and Human Development*, 2, 70–71, 1971.
19 Felthous, A. Aggression against cats, dogs and people. *Child Psychiatry and Human Development*, 10, 169–177, 1980.
20 Kellert, S. and Felthous, A. Childhood cruelty toward animals among criminals and non-criminals. Unpublished paper, 1983.
21 Schowalter, J.E. The use and abuse of pets. *Journal of the American Academy of Child Psychiatry*, 22, 68–72, 1983.
22 Van Leeuwen, S. A child psychiatrist's perspective on children and other companion animals. In B. Fogle (Ed.) *Interrelations Between People and Pets*. Springfield, IL: Charles C. Thomas, 1981.
* 23 Robin, M., ten Bensel, R., Quigley, J. and Anderson, R. Childhood pets and the psychosocial development of adolescents. In A.H. Katcher and A.M. Beck (Eds) *New Perspectives on Our Lives with Companion Animals*. Philadelphia: University of Pennsylvania Press, pp. 436–443, 1983.
24 Speck, E. The transfer of illness phenomenon in schizophrenic families. In A.S. Friedman (Ed.) *Psychotherapy for the Whole Family in Home and Clinic*. New York: Springer, 1965.
25 Friedman, A.S. Implications of the home setting for family treatment. In A.S. Friedman (Ed.) *Psychotherapy for the Whole family in Home and Clinic*. New York: Springer, 1965a.
26 Friedman, A.S. The 'well' sibling in the 'sick' family: A contradiction. In A.S. Friedman (Ed.) *Psychotherapy for the Whole family in Home and Clinic*. New York: Springer, 1965b
27 Rynearson, E.K. Humans and pets and attachment. *British Journal of Psychiatry*, 133, 550–555, 1978. Levinson, B.M., 1972, op.cit.
28 Hellman, D.S. and Blackman, N., 1966, op.cit. Justice, B., Justice, R. and Kraft, I.A. Early warning signs of violence: is a triad enough? *American Journal of Psychiatry*, 131, 457, 1974.
29 Van Leeuwen, J., 1981, op.cit.
30 Robin, M., and ten Bensel, R. Pets and the socialisation of children. In B. Sussman (Ed.) *Pets and the Family*. New York: Haworth Press, pp. 63–78, 1985.
31 ten Bensel, R, Ward, D.A., Kruttschmidt, C., Quigley, J. and Anderson, R.K. Attitudes of violent criminals towards animals. In R.K. Anderson, B.L. Hart and L.A. Hart (Eds) *The Pet Connection*. Minneapolis, MN: University of Minnesota

Press, 1984.
32 Robin, M. and ten Bensel, R., 1985, op.cit.
33 Robin, M., et al., 1983, op.cit. Robin, M. et al., 1984, op.cit.
34 Summit, R. The child sexual abuse accommodation syndrome. *Child Abuse and Neglect*, 7, 181, 1983.
35 Kidd, A.H. and Kidd, R.M. Personality characteristics and preferences in poet ownership. *Psychological Reports*, 46, 939–949, 1980.
36 Schowalter, J.E., 1983, op.cit.
37 De Viney, E., Dickert, J. and Lockwood, R. The care of pets within child abusing families. *International Journal for the Study of Animal Problems*, 4, 321–329, 1983
38 De Viney, E. et al., 1983, op.cit.
39 De Viney, E. et al., 1983, op.cit
40 Felthous, A., Psychotic perceptions of pet animals in defendants accused of violent crime. *Behavioural Sciences and the Law*, 2(3), 331–339, 1984.
41 Tapia, F., 1971, op.cit.
42 Wax, D.E. and Haddox, V.G. Enuresis, fire-setting and animal cruelty: A useful danger signal in predicting vulnerability of adolescent males to assaultive behaviour. *Children Psychiatry and Human Development*, 14, 151–156, 1974. Wax, D.E. and Haddox, V.G. Enuresis, fire-setting, and animal cruelty in male adolescent delinquents: A triad predictive of violent behaviour. *Journal of Psychiatry and the Law*, 2, 45–71, 1974.

24〜26 は以下の文献が正しい。
Friedman, A. S. 1965 *Psychotherapy for the whole family : case histories, techniques, and concepts of family therapy of schizophrenia in the home and clinic.* New York : Springer.

第11章
ペットは人を社交的にするか？

　ペットを飼うことで人が他者に対してより社交的になるかどうかについては，いくつかの見解がある。一つは，ペットへの愛情が強すぎて，その他の重要な関係をもつ余地がなくなってしまうというものである[1]。もう一つは，ペットが実際に人をより友好的に見せたり，より近づきやすく見せたりする，という考え方である。この後者の意見に関連して，ペットを伴っていると他者が近づいてきたり話しかけてきたりする可能性が高くなる，という考え方がある。後ほど本章で見ていくとおり，この最後のペットの効果は，ハンディキャップがあるために他者から無視されたり避けられたりする人々にとっては非常に重要な利点となり得る。

人の代わりとしてのペット

　たしかに，住んでいる場所のせい，あるいは本人に自信や社会的スキルが欠けているせいで，他者との交流がほとんどないとか，友人がほとんどいないといった孤独で孤立した人々にとっては，ペットは貴重な仲間であるだけでなく，人間関係の代わりとなることを我々は知っている。友人や親戚のネットワークをちゃんともっている人や人間の仲間をもつ人でも，人間より忠実で，無条件に愛情を与えてくれるように見えるペットと親密な絆を形成することができる[2]。

ペットがいるために飼い主があまり他者とのつきあいを楽しまなくなってしまうという主張を裏づける一貫した証拠は得られていない。飼い主の中には、ペットを人間との友情関係の代わりとして用いている人もいる一方で、友人との広いネットワークや活発な社会生活をもち、暖かで感情豊かで集団を好む人々も数多くいる。ペットが人間関係の代わりの役目を果たす程度はペットの種類によることを示した研究結果もある。種によって知能やパーソナリティが異なるため、我々はある種のペットとは他の種に比べてより親密な関係を築くことは間違いない。たとえば犬の飼い主の多くは、犬を飼った第一の理由としてコンパニオンシップ（親交）をあげている。しかし、犬と猫の性格が違うため、猫の飼い主たちには、犬の場合と同程度の情緒的な関係をもつことはそれほど一般的ではない。たしかに、ほとんどの猫の飼い主は、犬の飼い主に比べて比較的愛着が弱い傾向がある★3。猫は、犬に比べて独立的で、飼い主の関心を求めない。猫と犬に対する我々の期待が異なるので、築かれる関係の性質がこれら2つの種で異なるのだろう。犬の飼い主はしばしばコンパニオンとしてのみでなく、犯罪や暴力から身を守ってくれる存在として自分のペットを評価している。

多くの飼い主にとって、ペットはそれ自体でさまざまな社会的欲求を満たしてくれるものであることは疑いがない。彼らは子どもの代わりを務め、飼い主に安心感を与え、ステータスシンボルとなる、頼もしい仲間である★4。しかし、ペットが常に人間とのつきあいに欠けているものの代わりとなるという考えは、ペットの飼育やペットが人に与えてくれる利点に関する研究において一般的に支持されているというわけではない。

ペット好きの人々は人間嫌いであるという説に反して、犬好きの人の中には犬嫌いの人よりも人との交友を好む人がいることが見いだされている。逆に、犬に対する愛情が弱い人は他者に対する好意も低いことがある★5。

ペットの社交性促進効果

ペットを飼うことが人の社交性にもたらすプラスの効果は2つのレベルで生じると考えられる。現実レベルと知覚レベルである。動物の存在により、その

光景はより脅威的ではないように解釈され，動物と一緒にいる人はよい性質の人だと知覚され得ることが明らかになっている★6。動物と一緒にいる人は，たいてい動物と一緒にいない人よりも，より友好的で，幸せで，自信に満ち，和らいだ雰囲気だと他者から評価されるのである。

人工的な環境におけるペット知覚の研究では，子どもだけではなくすべての年齢の人々が，安心感を得たり親密感をつくり出すために動物を用いた。このように，見知らぬ人に動物を組み合わせることで，その人の周囲の雰囲気をあまり脅威的ではなく感じさせることができる。もう一つの例をあげると，子どもを初めて入る部屋に連れて来る時，インタビュアー1人の場合よりも，犬を連れている場合のほうが，子どもがよりリラックスしていたのである★7。我々は，他者と話をする時，血圧が上がることはよく知られているが，動物がいる場合には血圧は低いレベルに保たれる傾向がある。

ペットを飼っている人はより友好的で社会的に活動的な人に見えるだけではなく，他者の目には彼らがより近づきやすく映る。犬を連れた人は，同じ状況に1人でいる場合より，幸せでリラックスしているように他者から知覚されるだろう。その結果，犬が存在する場合にはより近づきやすくなるのである★8。

光景をより友好的に見せるだけではなく，飼い主は実際にペットの存在から確実な社会的利益を得る可能性がある。因果関係ははっきりしないが，ペットを所有する家庭はペットを所有しない家庭よりも両親の離婚の可能性が低いという興味深い知見が少なくとも1つの研究で明らかになっている★9。

ペットは飼い主にプラスの社会的利益をもたらすと信じる考え方がある。ペットは人間や他の動物を含む，より広い社会的ネットワークの一部にもなり得る。だからといって，自分のペットを愛する人々が，他者と有意義な関係を築くことができないということには必ずしもならない。それどころか逆に，他者とうまくやっていくのがむずかしいと感じる人々は，動物に愛情を注ぐこともむずかしいと感じているかもしれない。ペット動物を深く愛することができる人は，それ以上に他者を愛することもできる人なのである★10。

外向的，社交的な人のほうがそうでない人よりもペットを飼っている可能性が高いという明白な証拠はないが，ペットを飼っている人のほうが飼っていない人に比べて不安を感じることが少なく，周囲から孤立していると感じること

11 ペットは人を社交的にするか？

も少ないことは明らかなのである★11。大学生を対象にした研究からも，ペットを飼っている人は飼っていない人よりも，どちらかといえば，活動的な社会生活を送っていると報告する傾向があるとの知見が得られている★12。

ペットはいかにして人の社交性を向上させるか？

　ペットは，他者との交流を促進させることでよりいっそうの親交をもたらすことができる。犬を散歩させる人の観察から，犬の飼い主は他者との接触や会話をよく行うことがはっきり示されている★13。飼い主はまた，1人で散歩している人に比べて，より長く会話を続けていた。ペットは入院患者にとっても，外の世界の友人や親戚との大切なつながりを与えてくれる存在でもある★14。フリードマン（Friedmann, E.）とその共同研究者がインタビューした36人のペットを飼っている入院患者のうち，80％が親戚や友人からペットの様子を教えてもらい続け，60％は少なくとも1日に1回は教えてもらっていた。5人に1人は毎日電話でペットと「話をしていた」。このように，自分の留守中にペットがどう過ごしているのかを知りたいという願いが，必然的にペットの世話をしている人とのコミュニケーションをもたらしていたのである。

　相互責任のネットワークの一員であるということは，社会的サポートを得るための重要な要素である。一人暮らしの人や他者との助け合いの関係をなくした人は，気分が落ち込み，必要とされていないと感じ，自尊心を保てなくなることが多い。社会的サポートが不足すると，ストレッサー（ストレス要因）への反応が増大する。ストレス反応が増大すると，感染に抵抗して病気を阻止する身体能力が減少してしまう。社会的サポートはストレスが身体に及ぼす影響を減少させ，新たな病気の進行や，昔患った病気の再発可能性を低減させるのである★15。高齢者においては，ペットの世話をすることで自己像が改善し，自分で身の回りのことをやる程度も高まる。ペットを飼っている高齢者は，飼っていない高齢者よりも自分に満足し，自信をもち，人生に対して楽観的である★16。

　犬などのペットを飼うことで得られる直接的な交友は，愛情が目に見える形で表されるものである。しかし，そういった直接的な交友とちがって，孤立し

た人は他の方法で，ペットを飼うことから社会的利益を得ていることもある。高齢者（および，次節で見ていくように身体障害者）を対象とした研究により，犬の飼い主はペットとの外出の際に周りから注目されることを楽しんでいることがわかった。飼い主たちは，犬を連れていると1人の時よりも他の人との会話を交わすことが多いのである。多くの場合，その会話は最初は動物に向けられるものである[17]。

身体障害者を助けるペット

　犬は，視覚障害や聴覚障害のほか，車椅子生活を余儀なくされる障害など，さまざまな身体的障害に苦しむ人々を援助する数多くの支援プログラムで使用されている。しかしそれだけではなく，身体障害者の人々は犬のコンパニオンからさまざまな副次的な効果を得ていることが多くの研究から示されている。

　介助犬・盲導犬・聴導犬の規定の目的は，障害に関連する課題の遂行である。しかし，彼らは利用者に，普通に犬を飼っていれば得られるような利益やライフスタイルの変化をも与えていると思われる。犬を飼いはじめた後，飼い主は健康上の問題が減り，屋外の散歩が増えるという報告[18]，さらに高齢の飼い主は犬を飼っていない人よりも医療機関を訪問する回数が少ない[19]，という研究報告がなされている。

　さまざまな障害の中でも，完全，あるいはほぼ完全な難聴は，目には見えないが一般的な障害として際立っており，耳の聞こえる人とのコミュニケーションに支障をきたす可能性が高い。健常者は通常，車椅子利用者のような，見た目に明らかな障害をもつ人との交流に不安ややりにくさを感じていることが実証されている。このことは，少ないアイコンタクトや相手との距離の遠さに現れている[20]。健常者は，避けたい，あるいは感情的に距離を置きたいと考えている障害者に対してどのように反応すればよいのかわからない場合が多い。こうしたことが，障害をもつ人々が経験する社会的な限界の一因となる。した

がって，もし犬に他者との交流を促進させるような効果があるならば，それを推し進めることが，障害者のより活発な社会的交流には不可欠であろう。

介助犬に関する研究では，障害者に対する健常者の社会的不適応を改善することを示す報告が出されはじめている。たとえば，車椅子を利用する大人や子どもは，介助犬を連れている時，通りがかった人からあいさつを交わされる回数が増えたのである★21。

カリフォルニア大学ヒューマン・アニマル・プログラムのメイダー（Mader, B.）とその共同研究者たちは，車椅子のティーンエイジャーが学校あるいはショッピングモールにいる様子を観察した。彼らはある時は犬と一緒に，ある時は1人であった。犬の存在は，学校かショッピングモールかにかかわらず，他者からのより友好的な視線と笑顔を引き出し，より多くの人が彼らと会話を交わすこととなった。ほとんどの場合，そうしたふれあいは当初は犬に向けられたが，必然的に車椅子の若者も引き込まれることとなった★22。

介助犬や盲導犬・聴導犬が飼い主にもたらす心理社会的影響を調査した，未発表の研究がいくつかある。重度の身体的障害をもつ人々を対象にした前向き調査により，心理的健康，自尊心，コミュニティへの参加の著しい改善と介助犬の存在が関連しているとの知見が報告された★23。しかし，他の2つの研究では，前向き調査でも★24，介助犬を利用している人と介助犬の利用を待っている人とを比較した調査でも，犬による改善は見られなかった★25。

視覚障害者に対するインタビュー調査によれば，彼らの半数が盲導犬を利用していたが，これらの盲導犬利用者はより高い自立性，移動性，安全性，社交性をもつことが示唆された★26。盲導犬利用者は，他の人に助けを求めたり援助者と会話したりする必要がないことを高く評価していた。

利用者への社会的な効果は，訓練された犬とともに暮らす聴覚障害者にも見られる。聴導犬は，耳の不自由な人に玄関の呼び鈴や電話のベルや火災報知器，あるいは赤ちゃんの泣く声など，特定の重要な音を知らせるのに用いられている。アメリカにおける聴導犬プログラムの全国調査によると，これまで3000匹の犬が訓練されている。年間で440匹が訓練を受けている計算になる★27。他の支援プログラムとは違って，聴導犬プログラムは受取人がもともと飼っていた犬やシェルターから連れて来られた犬を受け入れている。また，さまざまな犬

種を幅広く用いてもいる。他の介助犬と同様，聴導犬はよく訓練されていることが期待され，問題行動の発生率も低くなければならず，また同時に，利用者が価値があると感じるようなコンパニオンシップをも提供しなければならない。

聴導犬が利用者にとってどのような心理社会的役割を果たしているのかを調査した，3つの後ろ向き調査がある。その中で唯一，公に発表されている研究では，聴導犬を利用する14人うちの大多数の人が，26の心理社会的カテゴリーの中の安全性，自立性，満足感，自信，心理的ゆとり，活動性，健康の7つのカテゴリーで改善が見られたと報告している★[28]。

未発表の研究では，聴導犬利用者33人に聴導犬の取得前と後に評価をしてもらったところ，10項目のうち8項目で有意な違いが見られた。その8項目とは，音への反応，安心感，依存性，社会関係の回避，非活動性，臆病さ，孤独感，退屈さであった★[29]。聴導犬利用者550人の調査では，大多数の人が，聴導犬を取得する以前の抑うつ，身体的健康，自信，自立性，孤独感，コンパニオンシップ，安全性などに問題があると感じていた。そして，これらの問題を報告した人の約半数が，問題の軽減に犬がかなり役立ったと述べたのである★[30]。イギリスにおける聴導犬利用者を対象にした前向き調査の予備調査結果によれば，犬を譲渡する1年前から調査が始められ，犬を取得して3か月後に抑うつ状態，緊張，社会生活機能，攻撃性，疲労，睡眠に改善が見られたそうである★[31]。

ある研究グループは，聴導犬利用者38人と，これから聴導犬を利用しようとしている15人の統制群を対象に，聴導犬利用と利用者の孤独感，他者との交流の変化，ライフストレスとの関係を調べた。聴導犬は，音を知らせるという利用者の第一の期待に答えていた。安心感も，2つ目に関心が高いこととして言及された。利用者は，聴導犬と2人きりの時には，聴導犬を得る前よりも安全だと感じていた。犬を取得する理由の3つ目にあげられるコンパニオンシップについては，利用者は聴導犬を得る前に比べて，孤独を感じることがかなり少ないと報告した。利用者や未来の利用者の大多数は，聴導犬の役割は家族との相互作用を変化させることだと評した。利用者は，犬によって健常者コミュニティや近所の人との交流が変化したとも感じていたが，これから利用しようとしている人には犬のこうした効果を予測している人はほとんどいなかった。利用者はまた，これから利用しようとしている人よりもライフストレス得点が低

かった★32。

聴導犬は，その特別な役割がはっきりとわかるようケープを身に着けており，聴導犬利用者の障害がもはや目に見えないものではないことを保証してくれる。孤独感が低減したり，健常者コミュニティ内でのつきあいが広がるといった知見は，音を知らせること以上の聴導犬の重要性を示唆している。聴導犬利用者は，健常者がコンパニオン・ドッグを所有する場合と同様の社会化効果を経験する。聴導犬は，利用者のおもな期待に答えているようであった。聴導犬の利用者は，みずからの大きな懸念であるベルやアラームへの反応を可能にしてくれるのは犬のおかげであると考えていた。彼らはまた，犬をもらい受けてから安心感を感じるようになったが，この点もイギリスにおける一般の人々が犬を飼って数か月後には犯罪に対する恐怖心が低減されたことと同様の効果を示している★33。

車椅子の人のためのペット支援プログラム

車椅子に乗ることを余儀なくされた障害者は，さまざまな手作業を行うために介助犬を手に入れることがある。車椅子に乗った身体的麻痺のある人における介助犬の利点はよく知られている。そのような犬は，たとえば物を取ってきたり車椅子を引っ張ったりする。しかし，実は第一の利点は，犬がいなければ車椅子の人には近づいてこないだろう健常者との社会的交流を促進させるという，評価されにくい効果かもしれない。

介助犬はたいてい，車椅子に乗る利用者の公の場への外出にはすべて同行する。いくつかの研究では，多くの人が身体障害者の前で見せる社会的不適応を，動物が軽減することを示唆している。ペットを飼っている高齢者や彼（女）らを訪問する家族や友人にとってペットが会話の中心になることを頻繁に指摘しているある研究では，「社会的潤滑剤」という言葉が採用されている★34。ペットの存在は，そのペットの外見の魅力と同様に，飼い主の第一印象にも肯定的な影響をもたらし得るのである。ペットの犬が飼い主に対する人々の反応に影響を及ぼすことについては既に言及した。犬の存在は，あいさつの回数と会話の長さの増大に結びついていたのである★35。

介助犬が車椅子の人に対してもつ社会化効果に関する後ろ向き調査では，統

制群は犬を利用しておらず，実験群は一日中介助してくれる介助犬を利用していた★36。障害をもつ人がダウンタウンへの標準的な外出をしている間，知らない人が親しげに近づいてきた回数が介助犬と一緒の時には平均8回であったのに対し，犬と一緒ではない時には平均1回であった。平均接触回数も統制群では1回であった。

　介助犬を連れた車椅子の人が，犬を連れていない車椅子の人に比べて見知らぬ健常者からの社会的承認を得る頻度が高いかどうかを調べた研究がある。観察者が車椅子の人の15フィートから30フィート後ろを付いて歩き，通りすがる人の行動を記録した。観察は，ショッピングモールや大学のキャンパスのような，歩行者の往来に囲まれた公の場所で行われた。介助犬がいるかどうかにかかわらず，微笑み，会話，接触，視線嫌悪，経路回避，無反応といった，車椅子の人に対する通行人の行動が記録された★37。

　その結果，犬を連れている場合に，顕著に通りがかりの人からの笑顔と会話が増加することが示された。この結果は，利用者にとっての介助犬の利点が，基本的な任務を遂行することから社会的交流の機会を増加させることにまで及んでいることを示唆している。介助犬は，健常者が障害者を無視したり避けたりする傾向をかなり弱めてくれるのである。

　通行人が介助犬を連れた人と交わした会話のほとんどが，犬の話題が中心であった。特に犬がよく訓練されていたり行儀がよい場合には，通行人はきまって犬を褒めるのであった。犬の色や大きさや気性，あるいはかわいらしさや犬種など，犬の特徴について感想を述べる人もいた。社会的促進剤としての犬の役割に関しては，いくつかのパターンが見られた。ある参加者は，町の人たちは自分の名前よりも犬の名前のほうをよく知っていると思うと述べた。別の参加者は，犬と一緒にいる時は通行人が話しかけてくるため，時間を余分にみておく必要があると報告した。

　障害をもつ人が社会的孤立に陥りやすいということは，十分立証されてきたことである。しかし，介助犬の存在によって，社会的拒絶が克

11 ペットは人を社交的にするか？

服できるかもしれない。身体的な障害をもつ人の存在は健常者に居心地の悪さを引き起こすが、競合する反応傾向（すなわち、近づきやすい動物がいること）によって健常者が障害者から離れてしまう傾向を抑えることができるのである。

上記の知見は、車椅子の子どもを対象に行われた研究によって確証されている。さまざまな方法で彼らを介助するよう訓練された犬を連れている時、子どもたちは通りがかりの見知らぬ健常者からより注目を集めること、そしてその注目は犬を連れていることの直接的な結果であることに気がついた★38。この効果は、子どもたちが犬と一緒にいるのが学校の運動場であろうとショッピングモールであろうと観察された。

このように障害児が社会環境にさらされることが増え、他者からの注目が増すことにより、障害児と健常者が互いに好感をもつようになり、両者の相互理解を深めることができるだろう★39。障害に関する知識を深めること自体が、障害児と健常児の間のより親密な交流を促進するのである★40。このように、介助犬が学校に導入されれば、子どもたちは犬の役割はあそぶことではなく働くことだと教えられる。このことは、社会的関心の多くが犬よりもむしろ障害をもつ子どもに向けられることを意味する。そして、他の子どもたちは犬には仕事を果たす役割があることを理解するのである。

障害をもつ子どもたちが学校で親しい仲間の間を歩き回ろうと、ショッピングモールで知らない人の間を歩き回ろうと、犬の存在によって彼（女）らは社会的に承認されることが多くなった。犬がいると、人々は障害のある子どもに笑いかけ、近寄って話しかけることが多かったのである。注目すべきは、犬がいなければこれらの行動はほぼ消えてしまう傾向があったことである。

結論として、ペットは非常に重要な我々の生活の一部なのである。彼らはコンパニオンシップ、惜しみない友情、愛情の源を与えてくれる。彼らは、我々は必要とされ、価値がある人間だと思わせてくれる。彼らは子どもから高齢者にいたるまで利益をもたらしてくれる。彼らは我々の自尊心を高め、他者へのイメージをよくすることができる。このことは、障害や年齢や経歴のせいで自分が社会の端っこに置かれていると感じているだろう人にとっては、特に重要である。ペットはもちろん我々の関心を必要とし、餌や住む場所を飼い主に要

求するけれども，彼らは十分なお返しをしてくれる。シニカルで進化論的な考え方をすれば，ペットは人間という宿主に寄生するパラサイトにすぎないかもしれないが，ほとんどの飼い主はおそらく，自分のペットは労力と費用をかけるに値すると主張するだろう。飼い主がペットから得られる効果は，身体的，情緒的，社会的なものである。コンパニオン・アニマルは，人をリラックスさせることでストレスを緩和し，また，絶対的な愛情と忠誠心を寄せてくれる。そして社会との接触を促進し，我々の社会的な印象さえ改善してくれるかもしれないのである。

引用文献

(＊マークの文献は邦訳あり，巻末リスト参照)

1 Szasz, K. *Petishism: Pets and Their People in the Western World*. New York: Holt, Rinehart & Winston, 1968. Cameron, P. and Mattson, M. Psychological correlates of pet ownership. *Psychological Reports*, 30, 286, 1972.
2 Levinson, B.M. Pets, child development and mental illness. *Journal of the American Veterinary Association*, 157, 1759–1766, 1970. Levinson, B.M. *Pets and Human Development*. Springfield, IL: Charles C. Thomas, 1972.
3 Wilbur, R.H. Pets, pet ownership and animal control: Social and psychological attitudes. In *Proceedings of the National Conference on Dog and Cat Control*. Denver, CO: American Humane Association, pp. 1–12, 1976.
4 Fox, M.W. The needs of people for pets. In *Proceedings of the First Canadian Symposium on Pets and Society and Emerging Municipal Issues*. Toronto: Canadian Federation of Humane Societies and Canadian Veterinary Medical Association, 1976.
5 Brown, L.T., Shaw, T.G. and Kirkland, K.D. Affection for people as a function of affection for dogs. *Psychological Reports*, 31, 957–958, 1972.
＊6 Lockwood, R. The influence of animals on social perception. In A.H. Katcher and A.M. Beck (Eds) *New Perspectives on Our Lives with Companion Animals*. Philadelphia: University of Pennsylvania Press, pp. 64–71, 1983.
7 Beck, A.M. and Katcher, A.H.A new look at pet-facilitated therapy. *Journal of the American Veterinary Medical Association*, 184(4), 414–421, 1983.
8 Rossbach, K.A. and Wilson, J.P. Does a dog's presence make a person appear more likeable? Two studies. *Anthrozoos*, 5(1), 40–51, 1992.
9 Paden-Levy, D. Relationship of extraversion, neuroticism, alienation and divorce incidence with pet ownership. *Psychological Reports*, 57, 868–870, 1985.
10 Brown, L.T. et al.,1972, op.cit.
11 Paden-Levy, D., 1985, op.cit.
12 Joubert, C.E. Pet ownership, social interest and sociability. *Psychological Reports*, 61, 401–402, 1987.
13 Messent, P.A. Social facilitation of contact with other people by pet dogs. In A.H.

Katcher and A.M. Beck (Eds) *New Perspectives on Our Lives with Companion Animals*. Philadelphia: University of Pennsylvania Press, 1983.
14 Friedmann, E., Katcher, A.H., Lynch, J.J. and Messent, P.R. Social interaction and blood pressure. *Journal of Nervous and Mental Diseases*, 171, 461–465, 1983.
15 Cobb, S. Social support as a moderator of life stress. *Psychosomatic Medicine*, 38, 300–314, 1976. Dubos, R.J. Second thoughts on the germ theory. *Scientific American*, 192, 31–35, 1955.
16 Feldman, B.M. Why people own pets. *Animal Regulation Studies*, 1, 87–94, 1977.
17 Rogers, C., Hart, L. and Holtz, R. The role of pet dogs in casual conversations of elderly adults. *Journal of Social Psychology*, 133(3), 265–277, 1992.
18 Serpell, J.A. Beneficial effect of pet ownership on some aspects of human health and behaviour. *Journal of the Royal Society of Medicine*, 84, 717–720, 1991.
19 Siegel, J.M. Stressful life events and use of physician services among the elderly: The moderating role of pet ownership. *Journal of Personality and Social Psychology*, 58, 1081–1086, 1990
20 Thompson, T.L. Gaze toward and avoidance of the handicapped: A field experiment. *Journal of Nonverbal Behaviour*, 6, 188–196, 1982. Worthington, M.E. Personal space as a function of the Stigma Effect. *Environment and Behaviour*, 6(3), 289–294, 1974.
21 Eddy, J., Hart, L.A. and Holtz, R.P. The effects of service dogs on social acknowledgements of people in wheelchairs. *Journal of Psychology*, 122, 39–45, 1988.
22 Mader, B., Hart, L.A. and Bergin, B. Social acknowledgements for children with disabilities: Effects of service dogs. *Child Development*, 60, 1529–1534, 1989.
23 Allen, K. Physical disability and assistance dogs: Quality of life issues. In G. Hines (Ed.) *Pets, People and the Natural World*. Renton, WA: Delta Society, p.59, 1994.
24 Donovan, W.P. The psychosocial impact of service dogs on their physically disabled owners. PhD dissertation, California School of Professional Psychology, Los Angeles, 1994.
25 Rushing, C. The effect of service dogs on the self-concept of spinal injured adults. PhD dissertation, Wright Institute Graduate School of Psychology, Berkeley, CA, 1995.
26 Bergler, R. People who are blind and their dogs. *Alert: Service Dog Resource Centre Newsletter*, 5(4), 2, 1994.91.
27 Hines, L. National Hearing Dog Centre survey results. *Alert: Hearing Dog Resource Centre Newsletter*, 2(2), 4, 1991.
28 Valentine, D.P., Kiddoo, M. and La Fleur, B. Psychosocial implications of service dog ownership for people who have mobility or hearing impairments. *Social Work Health Care*, 19, 109–125, 1993.
29 Marcoux, J. Do hearing dogs make a difference? Paper presented at the annual Delta Society Conference, Boston, MA, August 1986.
30 Mowry, R.C., Carnaham, S. and Watson, D. *Contributions of Hearing Assistance Dogs to Improving the Independent Living and Rehabilitation of Persons who are Hearing Impaired*. Project Final Technical Report No. H133310001. Little Rock, AS: National Institute for Disability and Rehabilitation Research.
31 Guest, C. *The Social, Psychological and Physiological Effects of the Supply of Hearing Dogs on the Deaf and Hard of Hearing*. Issues in Research in

Companion Animal Studies, Study No.2. San Francisco, CA: Society for Companion Animal Studies.
32 Hart, L.A., Zasloff, R.L. and Benfatto, A.M. The socialising role of hearing dogs. *Applied Animal Behaviour Science*, 47, 7–15, 1966.
33 Serpell, J.A., 1991, op.cit.
34 Mugford, R.A. and M'Comisky, J. Some recent work on the psychotherapeutic value of cage birds with old people. In R.S. Anderson (Ed.) *Pet Animals and Society*. London: Bailliere Tindall, pp. 54–65, 1974.
35 Messent, P. Correlates and effects of pet ownership. In R.K. Anderson, B.L. Hart and L.A. Hart (Eds) *The Pet Connection*. Minneapolis, MN: University of Minnesota Press, pp. 331–341, 1984.
36 Hart, L.A., Hart, B.L. and Bergin, B. Socialising effects of service dogs for people with disabilities. *Anthrozoos*, 1, 41–44, 1987.
37 Eddy, J. et al., 1988, op.cit.
38 Mader, B. et al., 1989, op.cit.
39 Rapier, J., Adelson, R., Carey, R. and Croke, K. Changes in children's attitudes towards the physically handicapped. *Exceptional Children*, 39, 219–223, 1972.
40 Perkins, M.A. The effect of increased knowledge of body systems and functions on attitudes toward the disabled. *Rehabilitation Counselling Bulletin*, 22, 16–20, 1978.

索 引

● あ ●

アーチャー（Archer, J.）　80
愛着（attachment）　26,34,35,39,43-47,57,70,72,80,87,89,103,128,130,155
アイデンティティ　124
アルツハイマー病　107
安楽死（euthanasia）　74,160,164,165

● い ●

移行対象　124
犬恐怖症　79
癒し（sense of comfort）　53
イルカ　109

● う ●

ウィリアム・ホガース（Hogarth, W.）　180
ウサギ　106
ウッドハウス（Woodhouse, B.）　66

● え ●

餌やり　130
エディプスコンプレックス　78
エンプティ・ネスター　26,52
エンプティ・ネスト　25

● お ●

置き換え　185

● か ●

介助犬　195,196,198,199
介助動物（assistance animal）　105,109
回想　143

拡大家族（extended family）　157
家族構成　127
家畜化　3,4
家畜動物（domestic animal）　3
感覚刺激希求傾向　93
冠状動脈性心臓疾患（CHD）　92
感情のリハーサル（emotional dress rehearsal）　168
顔貌（facial configuration）　82

● き ●

擬人化（anthropomorphism）　8,9,49,73
絆（bond）　34,87
寄生行動　81
機能不全　181,182
キャッチャー（Katcher, A.）　159
共感（性）　117,120,124
狭心症　92
恐怖症　122,131
恐怖心　78
居住形態　27

● く ●

クラーク（Clark, G.）　70

● け ●

系統的脱感作療法　110
血圧　90-92,95,96,145
ケディー（Keddie, K. M. G.）　161
犬食　21

● こ ●

肯定的態度　30
行動カウンセリング　70
幸福感　38,102,145
コーソン（Corson, E.）　104,144
孤独（感）　33,88,101,120,129,143
孤立（感）　129,140,143
婚姻状況　26
コンパニオン（companion：仲間，伴侶）　2,21,78,137

――・アニマル　14,45,52,55,88,143,146,157

――・アニマル快適性尺度（Comfort from Companion Animals Scale：CCAS）　55

――シップ（親交）　8,31,32,35,137

●さ●

サービス・ドッグ（service dog）　140
サーペル（Serpell, J. A.）　14,49,69,175
罪悪感　166
罪責感　122
サヴィシンスキー（Savishinsky, J.）　147
サル　109

●し●

シーガル（Siegel, J.）　104
ジェンダー差　29,30
自記式尺度　117
自己像（self-image）　5,127
自己評価　124
自尊心　34,35,38,117,126
質問紙　54
児童虐待　185,186
自閉症児　111
社会
　――経済的地位　102,142
　――性　118
　――的解発因（social releaser）　82
　――的儀式　10
　――的交流　104,140,198,199
　――的孤立（感）（social isolation）　88,139,140,156,199
　――的サポート　89,194
　――的潤滑剤（social lubricant）　5,6,104,198
　――的触媒（social catalysts）　51
　――的スキル　117

――的ステレオタイプ　33
――的接触　141,149
――的相互作用　6,7,139,141,146
――的ネットワーク（social network）　89,116,119,138,163
――的剝奪　71
――的パラサイト　82
――的利益　7,193,195
社交性　51,192
獣医　156,160,167
獣医医療費　16,28
獣姦　12
終末期　108
受診回数　89
寿命　142,157
象徴的自己　51
情緒障害　111
情緒的サポート（emotional support）　14,35,46,87,104,159
情緒的な互恵関係　129
乗馬プログラム　105,108
食欲不振　166
所有性攻撃行動　69
心筋梗塞　92
人口統計学　121
身体障害者　195,198
身体の健康　88
身体の効果　90
身体の接触　87,96
心拍数　91,92,95
信頼感　124
心理社会的欲求　44
心理的効果　103,108
心理的トラウマ（psychological trauma）　160

●す●

水槽　145
睡眠障害　166

ステータスシンボル　6, 46, 124
ストレス低減効果　88, 94
スプレー　45, 72, 76, 77
　　　　　●せ●
精神的健康　45, 101, 156
生存率　91, 92, 97
生得的解発機構　141
聖トマス・アクィナス（Thomas Aquinas）　179
責任（感）　117, 119, 122, 138, 169
セックス・セラピー　110
　　　　　●そ●
葬儀　165
喪失感　155
相利共生　81
　　　　　●た●
ダーウィン学派（Darwinian）　15, 80, 81, 83, 175
代償行為　181
対人距離　53
代理　51
タッチング　94
　　　　　●ち●
知的障害　111
聴覚障害者　196
聴導犬（hearing dog）　105, 196, 198
　　　　　●つ●
罪の意識　160
　　　　　●て●
出会い反応　95
テン・ベンゼル（ten Bensel, R.）　183, 184
　　　　　●と●
投影　51
動物介在療法（animal-facilitated therapy）　105, 144
動物虐待　131, 177-179, 181-183, 186
動物福祉　105

ドメスティケイション（domestication）　3, 4
トラウマ経験　78, 79
　　　　　●に●
人間と動物の絆（human-animal bond）　44, 163
　　　　　●ね●
年金受給者　137, 139
　　　　　●は●
パーソナリティ　91, 93, 115
排泄　76, 77
母親語（motherese：マザーリーズ）　49, 72
パラサイト　80, 81, 83
ハリス（Harris, J. M.）　160
バン・ローウェン（Van Leeuwen, J.）　131
　　　　　●ひ●
引きこもり　111
悲嘆（反応）　160, 162, 163
　　　　　●ふ●
不安　110
服従訓練　68-70, 73, 75, 76
フリードマン（Friedman, A. S.）　104
フリードマン（Friedmann, E.）　102, 159, 194
分離不安（separation-related anxiety）　50, 71, 76, 126
　　　　　●へ●
ペット
　——愛着度尺度（Pet Attachment Survey：PAS）　54
　——介在療法（pet-facilitated therapy：PFT）　103-107
　——飼育プログラム　138, 149
　——の飼い主調査（Pet Owners Survey）　23
　——の飼育（pet ownership）　47

――の種類　35,37
――訪問プログラム（pet visitation programme）　105,107,138,147,169
――ロス（loss of a pet）　155
ペティシズム（petishism）　6
片利共生　81

●ほ●
ボイヤー（Boyer, W.）　70
暴力行為　180
補助動物（service animal）　105

●ま●
マーキング　77

●み●
ミード（Mead, M.）　180
3つの兆候　187

●め●
メイダー（Mader, B.）　196

●も●
盲導犬（guide dog）　105,170,196
モラール　108,137,145,146
モリス（Morris, D.）　125
問題行動　67,68,71,73,76
モンテーニュ（de Montaigne, M. E.）　180

●や●
野生動物　109,111

●ゆ●
ユング（Jung, C.）　143

●よ●
養子縁組　162
抑うつ感　88
抑うつ状態　101,161

●ら●
ライフイベント　88,137
ライフサイクル　140
　家族の――　25

●り●
リスクファクター　91
離脱　143
リラックス感　145
リラックス効果　94,95

●れ●
レヴィンソン（Levinson, B.）　103,119,120,144

●ろ●
老人ホーム　146
ローレンツ（Lorenz, K.）　82
ロビン（Robin, M.）　183,184

●邦訳が出版されている文献●

第1章

*3 Melville, H. 1952／H. メルヴィル（著）　八木敏夫（訳）　2004　白鯨〔上・中・下〕　岩波文庫

*41 Moroi, K. 1984／諸井克英　1984　孤独感とペットに対する態度　実験社会心理学研究，24(1), 93-103.
（文献では Moros, K.という著者名になっているが，正しくは Moroi, K. である。）

*67(2) Katcher, A. H., Friedmann, E., Beck, A. M. and Lynch, J. J. 1983／A. H. キャッチャー・E. フリードマン・A. M. ベック・J. J. リンチ（著）　動物を眺め，動物に話しかけることと血圧との関係―生き物との相互作用の生理的結果　A. H. キャッチャー・A. M. ベック（編）　コンパニオン・アニマル研究会（訳）　1994　コンパニオン・アニマル―人と動物のきずなを求めて　誠信書房，Pp.119-130.

*69 Serpell, J. A. 1983／J. A. サーペル（著）　イヌの性格が飼い主とのきずなに及ぼす影響　A. H. キャッチャー・A. M. ベック（編）　コンパニオン・アニマル研究会（訳）　1994　コンパニオン・アニマル―人と動物のきずなを求めて　誠信書房，Pp.27-38.
※68, 70についてはコンパニオンアニマル研究会（訳）1994『コンパニオン・アニマル―人と動物のきずなを求めて』誠信書房に所収されていない。

第2章

*11(2) Beck, A. M. 1983／A. M. ベック（著）　都市における動物　A. H. キャッチャー・A. M. ベック（編）　コンパニオン・アニマル研究会（訳）　1994　コンパニオン・アニマル―人と動物のきずなを求めて　誠信書房，Pp.74-82.
※11(3)についてはコンパニオンアニマル研究会（訳）1994『コンパニオン・アニマル―人と動物のきずなを求めて』誠信書房に所収されていない。

第3章

*2 Ainsworth, M. and Bell, S. 1974／M. エインズワース・S. ベル（著）　母子関係とコンピテンスの発達　K. コナリー・J. ブルーナー（編）　佐藤三郎（編訳）　1979　コンピテンスの発達―知的能力の考察　誠信書房，Pp.113-135.

*4 Bowlby, J. 1969／J. ボウルビィ（著）　黒田実郎・大羽蓁・岡田洋子（訳）　1976　母子関係の理論 I　愛着行動　岩崎学術出版社

*32 Smith, S. L. 1983／S. L. スミス（著）　ペット犬と家族メンバーとの間の相互作

用―比較行動学的研究　A. H. キャッチャー・A. M. ベック（編）　コンパニオン・アニマル研究会（訳）　1994　コンパニオン・アニマル―人と動物のきずなを求めて　誠信書房，Pp.17-26.

*45(2)　Bowlby, J.　1969／J. ボウルビィ（著）　黒田実郎・岡田洋子・吉田恒子（訳）　1977　母子関係の理論Ⅱ　分離不安　岩崎学術出版社
　　　※9，29についてはコンパニオンアニマル研究会（訳）1994『コンパニオン・アニマル―人と動物のきずなを求めて』誠信書房に所収されていない。

第4章

*3　Woodhouse, B. 1978／B. ウッドハウス（著）　相原真理子（訳）・畑正憲（監修）　1984　ダメな犬はいない　講談社

*25(1)　Fox, M. W.　1974a／M. W. フォックス（著）　奥野卓司・蘇南耀・新妻昭夫（訳）　1991　ネコのこころがわかる本: 動物行動学の視点から　朝日新聞社

*25(2)　Fox, M. W.　1974b／M. W. フォックス（著）　平方文男・奥野卓司・平方直美・新妻昭夫（訳）　1991　イヌのこころがわかる本―動物行動学の視点から　朝日新聞社

*35　Freud, S. 1925／S. フロイト（著）　高橋義孝・野田倬（訳）　1969　ある5歳男児の恐怖症分析　『フロイト著作集　第5巻』人文書院

*36　Watson, J. B.　1959／J. B. ワトソン（著）　安田一郎（訳）　1968　行動主義の心理学　河出書房

*44　Wilson, E. O.　1975／E. O. ウィルソン（著）　伊藤嘉昭（監修）　坂上昭一他（訳）　1999　社会生物学　新思索社

*45　Lorenz, K.　1971／K. ローレンツ（著）　丘直通・日高敏隆（訳）　1980　動物行動学2　思索社

*46　Gould, S. J.　1980／グッド（著）　桜町翠軒（訳）　1996　パンダの親指: 進化論再考（上・下）　早川書房

*49　Smith, S. L.　1983／S. L. スミス（著）　ペット犬と家族メンバーとの間の相互作用―比較行動学的研究　A. H. キャッチャー・A. M. ベック（編）　コンパニオン・アニマル研究会（訳）　1994　コンパニオン・アニマル―人と動物のきずなを求めて　誠信書房，Pp.17-26.
　　　※2(1)についてはコンパニオンアニマル研究会（訳）1994『コンパニオン・アニマル―人と動物のきずなを求めて』誠信書房に所収されていない。

第5章

*3　Levinson, B. M.　1969／B. M. レヴィンソン（著）　G. P. マロン（改訂）　川原隆造（監修）　松田和義・東　豊（監訳）　2002　子どものためのアニマルセラピー　日本評論社

*7　Katcher, A. H., Friedmann, E., Beck, A. M. and Lynch, J. J.　1983／A. H. キャッチャー・E. フリードマン・A. M. ベック・J. J. リンチ（著）　動物を眺め，動物に話しかけることと血圧との関係―生き物との相互作用の生理的結果　A. H. キャッチャー・A. M. ベック（編）　コンパニオン・アニマル研究会（訳）　1994　コンパニオン・アニマル―人と動物のきずなを求めて　誠信書房，Pp.119-130.

*8　McCulloch, M. J. 1983／M. J. マックロウ（著）　動物による治療促進について―概観と将来的方向性　A. H. キャッチャー・A. M. ベック（編）　コンパニオン・アニマル研究会（訳）　1994　コンパニオン・アニマル―人と動物のきずなを求めて　誠信書房，Pp.136-157.

　　　　　　（文献では McCulloch, M. になっているが，正しくは McCulloch, M. J. である。）

第6章

※6(1)，10(1)(3)についてはコンパニオンアニマル研究会（訳）1994『コンパニオン・アニマル―人と動物のきずなを求めて』誠信書房に所収されていない。

第7章

*5　Fogle, B.　1983／B. フォーグル（著）　小暮規夫（監修）　沢　光代（訳）　1992　新ペット家族論―ヒトと動物との絆　ペットライフ社

*22　Levinson, B. M.　1969／B. M. レヴィンソン（著）　G. P. マロン（改訂）　川原隆造（監修）　松田和義・東　豊（監訳）　2002　子どものためのアニマルセラピー　日本評論社

*27　Robin, M., ten Bensel, R., Quigley, J. and Anderson, R.　1983／M. ロビン・R. T. ベンゼル・J. クウィグレー・R. アンダーソン（著）　子ども時代のペットと青年期における心理社会的発達　A. H. キャッチャー・A. M. ベック（編）　コンパニオン・アニマル研究会（訳）　1994　コンパニオン・アニマル―人と動物のきずなを求めて　誠信書房，Pp.158-168.

*45　Bowlby, J.　1969／J. ボウルビィ（著）　黒田実郎・大羽　蓁・岡田洋子（訳）　1976　母子関係の理論Ⅰ　愛着行動　岩崎学術出版社

*48　Beck, A. M. and Katcher, A. H.　1983／A. M. ベック・A. H. キャッチャー（著）　横山章光（監修）　カバナーやよい（訳）　2002　あなたがペットと生きる理由―人と動物の共生の科学　ペットライフ社

*49　Morris, D.　1967／D. モリス（著）　日高敏隆（訳）　1969　裸のサル　河出書房新社

*52　Searles, H. F.　1960／H. E. サールズ（著）　殿村忠彦・笠原　嘉（訳）　1988　ノンヒューマン環境論―分裂病者の場合　みすず書房

　　　　　　（文献では Searles, H. E. という著者名になっているが，正しくは Searles, H. F. である。）

*55　Erikson, E.　1980／E. エリクソン（著）　小此木啓吾（編訳）　1982　自我同一性―アイデンティティとライフ・サイクル　誠信書房

邦訳が出版されている文献

(文献では Erickson, E. という著者名になっているが，正しくは Erikson, E. である。)
※17，20，21，23についてはコンパニオンアニマル研究会（訳）1994『コンパニオン・アニマル―人と動物のきずなを求めて』誠信書房には所収されていない。

第8章

*31(1) Ory, M. G. and Goldberg, E. L. 1983／M. G. オーリー・E. L. ゴールドバーグ（著） 高齢女性におけるペットの所有と生活充足感 A. H. キャッチャー・A. M. ベック（編） コンパニオン・アニマル研究会（訳） 1994 コンパニオン・アニマル―人と動物のきずなを求めて 誠信書房，Pp.101-118.
※14，20，32(2)，40についてはコンパニオンアニマル研究会（訳）1994『コンパニオン・アニマル―人と動物のきずなを求めて』誠信書房に所収されていない。

第9章

*3 Nieburg, H. A. and Fischer, A. 1982／H. A. ニーバーグ・A. フィッシャー（著） 吉田千史・竹田とし恵（訳） 1998 ペットロス・ケア 読売新聞社

*5(1) Levinson, B. M. 1969／B. M. レヴィンソン（著） G. P. マロン（改訂） 川原隆造（監修） 松田和義・東 豊（監訳） 2002 子どものためのアニマルセラピー 日本評論社

*8 Fogle, B. 1983／B. フォーグル（著） 小暮規夫（監修） 沢 光代（訳） 1992 新ペット家族論―ヒトと動物との絆 ペットライフ社

*13 Messent, P. R. 1983／M. J. マックロウ（著） 動物による治療促進について―概観と将来的方向性 A. H. キャッチャー・A. M. ベック（編） コンパニオン・アニマル研究会（訳） 1994 コンパニオン・アニマル―人と動物のきずなを求めて 誠信書房，Pp.136-157.
(文献では Messent, P. R. という著者名になっているが，正しくは McCulloch, M. J. である。)

*55 Robin, M., ten Bensel, R., Quigley, J. and Anderson, R. 1983／M. ロビン・R. T. ベンゼル・J. クウィグレー・R. アンダーソン（著） 子ども時代のペットと青年期における心理社会的発達 A. H. キャッチャー・A. M. ベック（編） コンパニオン・アニマル研究会（訳） 1994 コンパニオン・アニマル―人と動物のきずなを求めて 誠信書房，Pp.158-168.
※2，25，46についてはコンパニオンアニマル研究会（訳）1994『コンパニオン・アニマル―人と動物のきずなを求めて』誠信書房に所収されていない。

第10章

*12 Thomas, K. 1983／K. トーマス（著） 山内 昶（監訳） 1989 人間と自然界―近代イギリスにおける自然観の変遷 法政大学出版局

*23 Robin, M., ten Bensel, R., Quigley, J. and Anderson, R. 1983／M. ロビン・R. T. ベンゼル・J. クウィグレー・R. アンダーソン（著） 子ども時代のペットと青年期における心理社会的発達 A. H. キャッチャー・A. M. ベック（編） コンパニオン・アニマル研究会（訳） 1994 コンパニオン・アニマル―人と動物のきずなを求めて 誠信書房，Pp.158-168.

第11章
*6　Lockwood, R.　1983／R. ロックウッド（著）　動物の存在が社会的知覚に及ぼす影響　A.H. キャッチャー・A. M. ベック（編）　ココンパニオン・アニマル研究会（訳）　1994　コンパニオン・アニマル―人と動物のきずなを求めて　誠信書房，Pp.39-55.
　　　※13についてはコンパニオンアニマル研究会（訳）1994『コンパニオン・アニマル―人と動物のきずなを求めて』誠信書房に所収されていない。

❈訳者一覧

安藤　孝敏（あんどう・たかとし）　　第1・3・9章担当
　1960年生まれ
　現　在　横浜国立大学教育人間科学部教授
　専　門　社会老年学，老年心理学，人と動物の関係学
　主　著　『心理学実験計画入門』（共訳）学芸社　1999年
　　　　　『老いのこころを知る』（分担執筆）ぎょうせい　2003年
　　　　　『「人と動物の関係」の学び方──ヒューマン・アニマル・ボンド研究って何だろう』（分担執筆）インターズー　2003年

種市康太郎（たねいち・こうたろう）　　第5～7・10章担当
　1971年生まれ
　現　在　桜美林大学心理・教育学系准教授
　専　門　臨床心理学，ストレス心理学，産業精神保健
　主　著　『ストレス心理学──個人差のプロセスとコーピング』（共著）川島書店　2002年
　　　　　『「人と動物の関係」の学び方──ヒューマン・アニマル・ボンド研究って何だろう』（分担執筆）インターズー　2003年
　　　　　『ストレスと健康の心理学』（分担執筆）朝倉書店　2006

金児　恵（かねこ・めぐみ）　　第2・4・8・11章担当
　1973年生まれ
　現　在　北海道武蔵女子短期大学准教授
　専　門　社会心理学，社会老年学，人と動物の関係学
　主　著　『「人と動物の関係」の学び方──ヒューマン・アニマル・ボンド研究って何だろう』（分担執筆）インターズー　2003年
　　　　　『文化行動の社会心理学』（シリーズ21世紀の社会心理学3）（分担執筆）北大路書房　2005年

ペットと生きる
―ペットと人の心理学―

| 2006年5月1日 | 初版第1刷発行 | 定価はカバーに表示 |
| 2016年2月20日 | 初版第6刷発行 | してあります。 |

著 者　　B・ガンター
訳 者　　安藤孝敏
　　　　　種市康太郎
　　　　　金児　恵
発行所　　㈱北大路書房

〒603-8303　京都市北区紫野十二坊町12-8
　　　　　　電　話　(075) 431-0361㈹
　　　　　　FAX　　(075) 431-9393
　　　　　　振　替　01050-4-2083

©2006

印刷・製本／創栄図書印刷㈱
検印省略　落丁・乱丁本はお取り替えいたします

ISBN978-4-7628-2503-3　　Printed in Japan

・ JCOPY 〈㈳出版者著作権管理機構 委託出版物〉
本書の無断複写は著作権法上での例外を除き禁じられています。
複写される場合は，そのつど事前に，㈳出版者著作権管理機構
（電話 03-3513-6969,FAX 03-3513-6979,e-mail: info@jcopy.or.jp）
の許諾を得てください。